Helmut Ottiger, Ursula Reeb

AF569851

# Gerben
## Leder und Felle

3., überarbeitete Auflage
29 Farbfotos
4 Schwarzweißfotos
20 Zeichnungen

# Inhalt

## Vorarbeiten



## Die Gerbmethoden

## Nacharbeiten



## Service

# Vorwort

Leder und Felle sind Gegenstand häufiger Diskussionen, in denen der Nutzen dem Schicksal der Tiere gegenübergestellt wird. Solange aber die Tiere nicht wegen ihrer Häute gezüchtet oder bejagt werden, handelt es sich bei der Leder- und Pelzherstellung um die Vermeidung und Verwertung von Abfällen.

Alternativ zu tierischen Häuten werden oft Kunststoffe eingesetzt. Doch sowohl die Rohstoffgewinnung als auch deren Herstellung und das Abfallaufkommen bringen ein so hohes Zerstörungspotenzial mit sich, dass – vor allem ökologisch hergestellte – Leder und Pelze für unsere Erde die bessere Wahl sind.

Leder ist ein veredeltes Naturprodukt und ideales Bekleidungsmaterial. Schon sehr früh hat es mich als solches interessiert, und die kindlichen Träume vom echten Indianerhemd haben beim Erwachsenen schließlich zur ernsthaften Beschäftigung mit der Gerberei geführt.

Aber warum selbst gerben, warum nicht kaufen oder gerben lassen?

Das wird sich jeder fragen, der überdenkt, wie viel Arbeit im Gerben steckt. Diese immer wiederkehrende Frage aber wird für den Freizeit-Gerber zu immer mehr Antworten führen, die während der Arbeit von selbst kommen: Der Körper macht ganz eintönig immer dieselben Bewegungen, und der Geist ruht sich dabei aus; Gedanken entstehen, laufen davon, manche bleiben. Je öfter man gerbt, desto öfter erlebt man das, und desto intensiver werden die Gedanken.

Dem einen wird wichtig sein, ein reines Naturleder zu produzieren, ganz ohne chemische Zusätze, der andere mag froh darüber sein, wenn er die Haut selbst gezogener Tiere, die ihm am Herzen liegen, auch selbst gerben und dadurch nutzen kann.

Es macht Freude, den geliebten Naturstoff Leder selbst herzustellen, ganz von Anfang an. Man lebt damit ein Stück tiefer in der Welt, wie sie seit Menschengedenken war. Das Gerben ist ein Stück echter Tradition, ein einzigartiges Handwerk, das wie kaum ein anderes körperlichen Einsatz verlangt, mitunter über Stunden. Gerben ist Handwerk, Meditation und Sport zugleich und dabei kreativ.

Beim Entstehen dieses Buches habe ich von vielen Seiten Hilfe erfahren, für die ich danke: Dem Hauswirt Robert Schweitzer, ohne dessen Großzügigkeit ich die theoretischen und praktischen Voraussetzungen nicht gehabt hätte; den Mitarbeitern des Schlachthofs Bensheim für ihre Unterstützung; Herrn Gerhard Moog von der Westdeutschen Gerberschule, Reutlingen, für seine Hinweise, vor allem zur Chromgerbung, Thomas Becker von der „Apotheke am Hospital“ und dem Förster Alois Dötsch; aber auch den vielen ungenannten Begleitern meiner Arbeit und meinen Tieren.

Helmut Ottiger

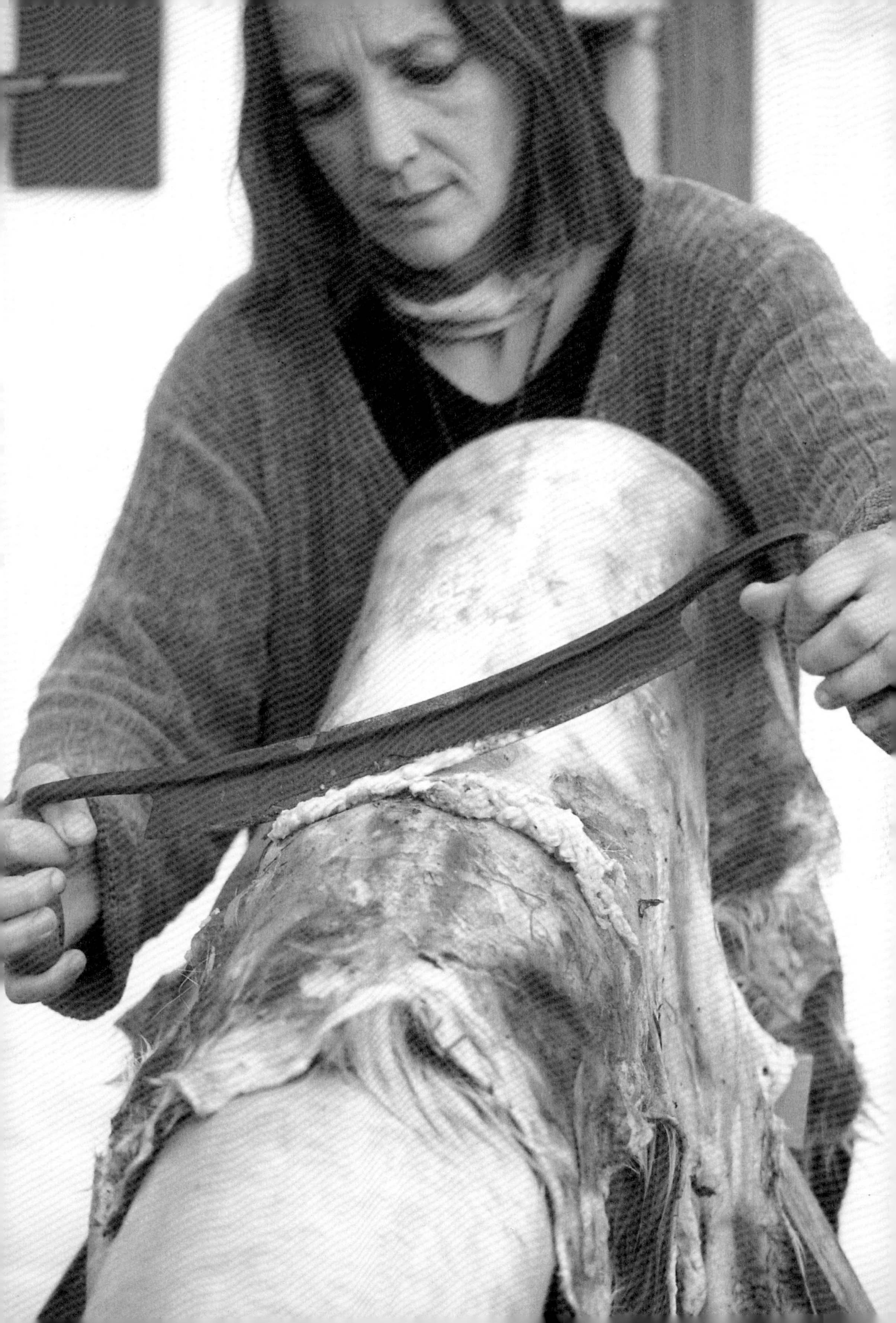

# Vorarbeiten

# Materialkunde

Um ein Material erfolgreich zu bearbeiten, muss man etwas darüber wissen, beim Gerben sowohl über das Material als auch über die Bearbeitung. Folgende Frage ist deshalb zentral:

## Was ist Gerben?

In der Urzeit der Menschen, als das Gerben noch unbekannt war, stellte sich diese Frage anders herum: Der Urmensch dürfte sich gefragt haben: Was kann getan werden, dass die Häute der erlegten Tiere zum Schutz gegen Wetter und Verletzung dienen?

Ließ er die Felle nur herumliegen, sind sie im günstigen Falle hart wie ein Brett aufgetrocknet, in allen anderen Fällen haben sie im Lauf der Zeit unter Gestank zunächst die Haare verloren, sind dann verfault und von allerlei Ungeziefer zerfressen worden.

Also versuchte er wahrscheinlich, durch Kneten die Haut zunächst weich zu halten – und hatte unter Umständen Erfolg. Unter den Umständen nämlich, dass er das tiereigene Hautfett, das sich kompakt in der untersten Hautschicht befindet, in die oberen Schichten einmassierte. Die nunmehr weich bleibenden Häute konnten dann als Kleidung getragen oder als Decken in die Höhleneingänge gehängt werden, und in beiden Fällen ließ der Zufall den Rauch des Feuers das „Leder" unerkannt weiterverarbeiten – es wurde wasserfest.

Was hier ein Zufallsprodukt entstehen ließ, ist die primitivste Art zu gerben.

Viele Jahrtausende sind seit diesen ersten Versuchen mit Tierfellen vergangen, und der Mensch hat über die Haut, ihren Aufbau, und warum was zu tun ist, um sie zu gerben, einiges gelernt.

### Der Aufbau der Haut

Zunächst besteht die Haut eines jeden Tieres aus drei Schichten, der Ober-, der Leder- und der Unterhaut.

Während zu den wichtigsten Aufgaben der Oberhaut die Produktion von Haaren, Schweiß, Talg und Hornschuppen gehört, ist die Unterhaut das Bindeglied zwischen den anderen Hautschichten und dem eigentlichen Tierkörper. Sie kann Haut und Körper verschiebbar aneinander binden, zum Beispiel an den Arm- und Beingelenken, oder beide fest miteinander verbinden, wie an den Füßen, und sie kann Fettpolster anlegen.

Oberhaut und Unterhaut zusammen machen nur etwa 15 % der Rohhaut aus, der Rest ist die Lederhaut, die mittlere Hautschicht.

Als Rohhaut wird die Haut in der Fachsprache solange bezeichnet, bis mit den Vorbereitungen zum Gerben begonnen wird. In der Sprache der Indianerkundigen des 19. Jahrhunderts aber war eine Rohhaut eine schon behandelte (zum Beispiel entfleischte), aber noch ungegerbte Haut, die auch ohne Gerbung Verwendung fand, etwa für Riemen, Trommelfelle, Taschen und ähnliches.

Die Lederhaut, die mittlere Schicht, ist der eigentliche Grundstoff zur Ledergewinnung, an sie muss man sich heranarbeiten; Oberhaut und Unterhaut lassen sich nicht gerben. Um zu klären, was Gerben ist, muss genauer auf den Aufbau der Lederhaut eingegangen werden.

Die Lederhaut selbst besteht nochmals aus zwei Schichten; beide sind ein Geflecht feiner Fasern, wobei in der oberen Schicht Talg- und Schweißdrüsen, die Haarwurzeln und die Blutgefäße eingelagert sind.

Diese Drüsen und Haarwurzeln gehören histologisch zur Oberhaut und sind aus ihr in die obere Schicht der Lederhaut eingewachsen. Wenn nun aus der tierischen Haut nicht behaarter Pelz, sondern Leder hergestellt werden soll, muss dazu die Oberhaut samt ihren Haaren und Haarwurzeln entfernt werden.

Es bleibt von jeder mit der Oberhaut entfernten Haarwurzel ein Loch in der oberen Schicht der Lederhaut zurück. Man kann von einer Narbe sprechen, die aus der verletzenden Haarwurzelentfernung hervorging. In der Sprache der Gerberei ist diese obere Schicht der Lederhaut daher die Narbenschicht oder kurz „der Narben".

Unter dem Narben liegt die zweite Schicht der Lederhaut. Sie enthält keine platzraubenden Drüsen und Haarwurzeln mehr und ist daher ein noch dichteres Fasergeflecht als die obere Schicht. Sie ist gleichsam ein in alle Richtungen verwobenes Netz aus Lederfasern, weswegen sie Retikularschicht (aus lat. rete = Netz, retikular = netzförmig) genannt wird.

Die in alle Richtungen verflochtenen Fasern geben der Haut ihren Halt

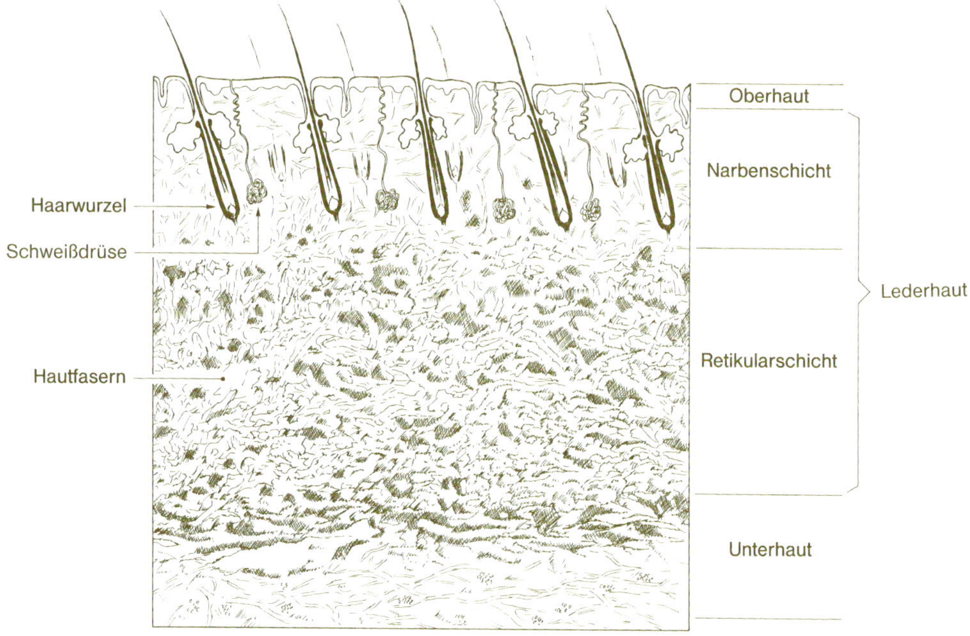


Der Aufbau der Haut.

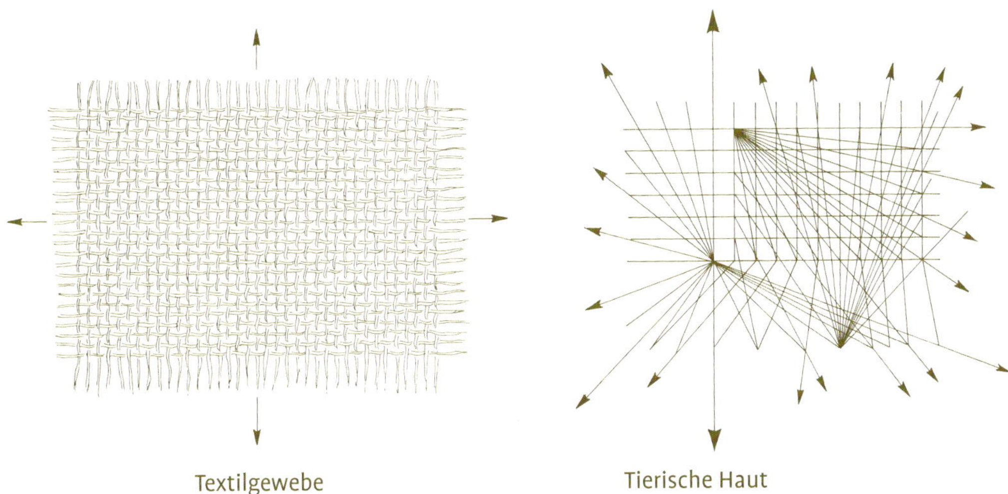


Textil- und Hautbelastbarkeit: Eine Faser kann nur in den Richtungen, in die sie gewachsen / gewebt ist, Zug oder Druck standhalten. Deshalb ist das komplexe Geflecht der tierischen Haut dem einfacheren Aufbau eines Textilgewebes überlegen.

und ihre Widerstandskraft gegen Zerreißen, und sie puffern Druck und Stöße ab; gleich, in welche Richtung eine Kraft gegen die Haut wirkt, es finden sich immer Fasern, die dagegen halten.

Allerdings würde dieses starke Fasergeflecht die Haut zu einer starren Hülle werden lassen, die jede Körperbewegung einschränkt, wenn nicht jede einzelne Faser gegen die anderen verschiebbar in ein Bindegewebe eingelagert wäre, sodass die Gesamtheit der Fasern ihre Schutzfunktion behält und trotzdem anschmiegsam und innerhalb eines gewissen Rahmens dehnbar bleibt.

Diese Fasern der Lederhaut in ihrem Bindegewebe vor Fäulnis zu schützen und sie, je weicher das Leder werden soll, desto beweglicher gegeneinander und dennoch haltbar zu machen, ist die Aufgabe des Gerbens.

## „Echte“ und „unechte“ Gerbung

Das Material, aus dem die einzelnen Fasern bestehen, heißt Kollagen (aus griech. kolla = Leim, kollagen = leimbildend).

Kollagen wird unter Hitzeeinwirkung zu Gelatine. Daher ist eine gebrühte Haut zum Gerben wertlos. In kaltem Wasser quillt Kollagen auf; ein langes Bad schwemmt es aus. Trocknet die Haut, also das Bindegewebe mit den kollagenen Faserbündeln zusammen, so passiert, was mit Leim passiert, wenn er trocknet: alles wird hart.

### Reißfest

Die Reißfestigkeit der Retikularschicht und damit später des Leders kann kein Textilgewebe aufbringen, da letzteres nur aus Längs- und Querfäden besteht.

Das wollte schon der anfangs erwähnte Urmensch verhindern, und es gelang ihm, wenn er das Fett aus der Unterhaut in die Lederhaut rieb. Je gründlicher das ausgeführt wurde, desto intensiver wurden die einzelnen Hautfasern vom Fett geschmiert und konnten so nicht mit dem Bindegewebe hart verkleben; desto weicher wurde also das Fell.

Fett konserviert die Haut auch gegen Fäulnis, und wenn noch dazu der Rauch des Feuers die Haut wasserfest gemacht hatte, wobei vermutlich der Teer des Rauchs die Fasern imprägnierte, war die nunmehr weiche Haut lange andauernd gegerbt. Diese primitivste Methode des Gerbens ist eine Art der Fettgerbung. Neben der Fettgerbung gibt es noch mehr Möglichkeiten, aus einer Haut Leder oder Pelz zu machen.

Alle heute bekannten Gerbarten gehören in eine von fünf Sparten des Gerbens.

Ihnen allen gemeinsam ist, dass sie am Ende nichts anderes sollen, als die Kollagenmoleküle der Haut beweglich zu vernetzen und zu konservieren.

Die Wissenschaft beschreibt diesen Vorgang, indem sie ihn auseinandernimmt: Die mit bloßem Auge noch wahrnehmbaren Fasern erkennt sie als Faserbündel, die aus einigen hundert Elementarfasern bestehen, die wiederum aus einigen hundert Kleinstfasern aufgebaut sind, den Fibrillen (lat. fiber = Faser, fibrille = Kleinstfaser), in denen schließlich einige hundert Kollagenmoleküle stecken. In der Gerbereichemie wurde bewiesen, dass der Reaktionsort des Gerbens diese Kollagenmoleküle sind.

Damit tat sich der Unterschied zwischen der sogenannten „echten" und der „unechten" Gerbung auf: Weil das alleinige Einfetten der Fasern zunächst keine Reaktion an den Kollagenmolekülen bewirkt, ist nach wissenschaftlicher Unterscheidung die urmenschliche Fellbearbeitungsmethode keine (oder eine „unechte") Gerbung, während bei jeder „echten" Gerbung eine gerbende Substanz die Lederfasern chemisch verändert.

Was somit als „unechte Gerbung" bezeichnet wird (unwissenschaftlich ausgedrückt könnte man auch den Begriff der weichen Konservierung gebrauchen), ist für den Praktiker im Gebrauch mitunter nicht schlechter als „echt" gegerbtes Leder. Hier ist eher die Wortwahl zur Unterscheidung verschiedener Methoden unglücklich getroffen:

Von einer Gerbung, die sich über Jahrtausende bewährt hat, als „unecht" zu sprechen, muss nicht nur ungerechtfertigt sein, es beschränkt den Begriff „Gerben" auch auf eine chemische Reaktion. Das ursprüngliche Zubereiten, altdeutsch „gar machen" (garewen), später Gerben in seiner viel allgemeineren Bedeutung, steht damit unnennbar im Raum. Aus diesem Grunde werden hier die Attribute „echt" und „unecht", die zwei verschiedene Verfahren unterscheiden, in Anführungszeichen gesetzt, die Begriffe werden um des allgemeinen Verständnisses willen aber weiterverwendet.

### Die 5 Sparten des Gerbens

- Fettgerbung
- Pflanzliche (vegetabile) Gerbung
- Mineralische Gerbung
- Synthetische Gerbung
- Kombinationsgerbung, eine beliebige Kombination aus den vier anderen Methoden

## Die Eigenschaften verschiedener tierischer Häute

Die Eigenschaft des Leders hängt nicht allein vom Gerben ab, sondern auch von dem Tier, von dem es stammt, denn kein Leder wird besser, als die lebendige Haut es war. So ist innerhalb derselben Tierart die Haut alter Tiere nicht mehr so gut wie die von jugendlichen oder gerade ausgewachsenen; die von Jungtieren (zum Beispiel Lämmern) ist sehr zart, aber instabil. Am widerstandsfähigsten sind die Häute von weiblichen, jugendlichen Tieren.

Weiter zu berücksichtigen sind neben dem Alter die Tierart, die Rasse, die Lebensweise, letztendlich sogar die Stelle aus der Haut, die zu Leder gemacht werden soll. Am festesten und dicksten ist der Rücken. Schon die urzeitlichen Reptilien waren dort besonders geschützt. Wie sie weisen auch unsere zeitgenössischen Säugetiere am Rücken eine starke Hautpartie auf, in den Flanken dagegen ist die Hautstruktur besonders zart. Leder aus den Flankenstücken sind daher weicher, aber auch empfindlicher als Leder von anderen Körperstellen.

Selbst der unerfahrenste Laie wird, ohne je eine abgezogene Haut gesehen zu haben, nicht im Ernst erwägen, aus Mausefell Schuhsohlen herzustellen. Interessant ist also auch die natürliche Dicke der gesamten Haut, also auch die Tierart.

Das dickste Leder unserer einheimischen Tiere stammt vom Rind. Aus Rindsleder lassen sich daher gute Schuhsohlen fertigen; aus Rindsleder im Besonderen, weil es neben seiner natürlichen Dicke auch zu den festesten Ledern überhaupt zählt.

Die einzelnen Hautfasern sind hier besonders günstig untereinander verflochten. Wie kräftig ein Leder werden kann, hängt nämlich nicht nur von seiner naturgemäßen Dicke, sondern auch von der Anordnung und Verflechtung der Hautfasern ab. Diese beiden Eigenschaften sind zunächst artbedingt charakteristisch, also vererbt, hängen aber auch von der Lebensweise und den Umwelteinflüssen des Tieres ab.

Am kräftigsten sind die Häute wild lebender Tiere, weil ein wildes Tier eher seiner Natur gemäß frisst, sich viel bewegt und die Witterungseinflüsse sich auf Haut und Fell auswirken. Das Fell eines Tieres dünnt aus, wenn es von draußen aus dem Freiland fortan im geschützten Stall gehalten wird, und umgekehrt wird es dicker, wenn das Tier aus dem Stall für längere Zeit ins Freie kommt.

Tiere, die viel Grünfutter fressen, liefern außerdem weichere und zugleich kräftigere Häute als Heufresser oder gar solche, die ausschließlich Heu und Kraftfutter bekommen. Letztere werden, sofern sie keinen Ausgleich haben, bewegungsfaul und fett. Da die Häute in ihren Eigenschaften niemals einen anderen Charakter haben können als die Tiere, von denen sie stammen, sind die der Mast- und Leistungstiere im Allgemeinen untrainiert und schwach.

Darüber hinaus hat sich aber auch gezeigt, dass sich Fell und Haut einander anpassen. Es gibt in klimatisch gleichen Regionen Tierarten mit dickerem und solche mit dünnerem Haarkleid. Man denke zum Beispiel an Schwein und Schaf. In der Regel gehört zu dem dünneren Haarkleid die dickere Haut. Sie übernimmt die mangelnde Wärmeschutzfunktion der lichten Behaarung genauso wie ein dicker Pelz die Pufferfunktion der Haut mitträgt und sie vor Stößen und Rissverletzungen schützt.

Somit erlaubt also der dicke Pelz eine dünnere Haut und zwingt ein dünnes Haarkleid die Haut, dick zu werden. Das geht sogar so weit, dass die relativ dünne, schwache Haut unter einem dichten Schafpelz dicker und stärker wird, nachdem das Tier geschoren wurde.

Vom relativ kurzfelligen Reh kann also ohne genauere histologische Kenntnisse schon angenommen werden, dass es eine kräftigere Haut hat als das dickfellige Schaf.

Beim Vergleich verschiedener Fellsorten wird man auch feststellen, dass manche Tierarten ein gleichmäßiges, dichtes Fell haben, wohingegen das Fell mancher anderer Arten neben den gleichmäßigen Haaren stellenweise besonders lange Haare aufweist, man denke beispielsweise an die Rückenhaare vieler Böcke. Solche besonders langen Haare, die sogenannten Leithaare, haben zumeist auch besonders tief gehende Haarwurzeln. Entsprechend finden wegen der Raumforderung weniger stabilisierende Faserverflechtungen Platz, die Haut muss also dort schwächer strukturiert sein.

Robuster wird die Haut eines Tieres nicht zuletzt durch tägliche Bewegung. Je mehr das Tier läuft, rennt, springt, desto mehr werden einerseits die Bestandteile der Haut, ihre Fasern und Muskeln, trainiert, und desto weniger lagert sich andererseits Fett im Hautgewebe ein, desto weniger wird das Hautgewebe also schwammig.

## Welche Haut zu welchem Zweck

Für den Gerber sind diese Ausführungen interessant, damit er die natürlichen Hauteigenschaften mit den gewählten Gerbmethoden und schließlich mit der Verwendung des fertigen Leders oder Pelzes abstimmen kann.

Der Standpunkt: „Mein Fell soll nur auf dem Sofa liegen, weiter nichts" ist bereits ein Verwendungszweck, der allerdings keine besondere Angleichung von Hauteigenschaften und Bearbeitung erfordert: Dem Anspruchslosen stehen alle Wege offen.

Wer keinen besonderen Wert auf ein derbes, strapazierfähiges Leder legt, sondern eher ein weiches, makelloses Kleidungsstück herstellen möchte, ist mit der Haut eines Stalltieres gut bedient.

Wer ein festes Leder sucht, wie es zum Beispiel für Stiefel wünschenswert ist, findet kein besseres Rohmaterial als eine Wildhaut. Wer aus gegebenen Um-

### Tierhaltung und Hauteigenschaften

Zusammenfassend kann gesagt werden, dass die Haut eines wild lebenden Tieres beliebiger Art strapazierfähiger ist als die des domestizierten Artgenossen. Innerhalb diesen Rahmens sind Häute von Weidetieren robuster als die von Stalltieren, die von langhaarigen allgemein schwächer als die von kurzhaarigen oder dünn behaarten Tieren. Wildhäute sind aber auch kleinflächiger als Zahmhäute und weisen in der Regel mehr Narben aufgrund von Verletzungen auf. Das wird nicht unbedingt allen Schönheitsansprüchen der späteren Lederverarbeitung gerecht.

ständen nur Stallvieh hält, sollte für die anfallenden Häute eine Gerbmethode auswählen, die weiches Leder bzw. weichen Pelz hervorbringt, die Haut aber nicht unnötig schwächt.

Vollständigkeitshalber sei noch erwähnt, dass die Häute von Fischen und Vögeln genauso gerbbar sind wie die von Säugetieren und Reptilien. Manchen Naturvölkern kam dieser Umstand sehr zugute, wenn sie, wie zum Beispiel viele Inselbewohner, nur ein recht schmales Angebot an Säugetieren zur Verfügung hatten. Allerdings sind unsere einheimischen Vogel- und Fischhäute praktisch kaum verwendbar. Sie sind ganz einfach zu klein; dies gilt aber auch für viele exotische Fische und Vögel, abgesehen von einigen großen Haiarten und anderen größeren Meeresfischen, die immer wieder einmal Gegenstand industrieller Verarbeitungs-Experimente werden.

Fisch- und Vogelhäute sind zudem sehr dünn und noch dazu von ihrem Fasergeflecht her ungünstiger konstruiert als die der Säugetiere, sodass Fisch- und Vogelleder ernsthaften Ansprüchen immer nur mangelhaft gerecht werden. Eine bekannte Ausnahme ist die Verarbeitung von Straußenleder, zum Beispiel für Handtaschen.

Reptilleder wird aus anderen Gründen zunehmend uninteressant: Zwar ist es durchaus robust und mitunter sehr großflächig, doch steht der Artenschutz weit über diesen Eigenschaften, zumal Rindshäute denselben Ansprüchen standhalten.

Der Hautaufbau ist von Tierart zu Tierart in so vielen Punkten unterschiedlich, dass bestimmte Häute für die eine Verwendung besonders gut geeignet sind, die für eine andere kaum befriedigen.

Um einen Überblick zu verschaffen, welche Häute sich wozu am besten eignen, sind hier die wichtigsten Tierarten aufgeführt. Innerhalb jeder Tierart treten wiederum Unterschiede in den Haut- und Haareigenschaften auf, die, wie bereits gesagt, mit der Lebensweise oder der Haltungsform der Tiere, ihrer Rasse, dem Geschlecht und dem Alter zusammenhängen. Das führt so weit, dass die Haut eines jeden Individuums keiner anderen gleicht.

Wo im Folgenden nicht auf diese Umstände näher eingegangen wird, reichen die im vorangegangenen Kapitel angeführten Regeln aus, die jeweiligen Qualitäten der Rasse, mit einiger Erfahrung sogar des einzelnen Tieres, zufriedenstellend einzuschätzen.

Für einige Tierarten sind nähere Angaben gemacht; allerdings sind im Rahmen dieses Buches genaue histologische Ausführungen nicht möglich. Der interessierte Leser sei auf die am Schluss des Buches angegebene Fachliteratur verwiesen.

## Rind

Rindsleder ist weltweit das festeste Leder auf dem Markt. Entsprechend findet es überall dort Verwendung, wo hohe Belastbarkeit gefragt ist: Vor allem bei der Schuhherstellung, für Taschen und Koffer, aber auch für modische Kleidungsstücke wie Mäntel, Jacken und Hosen.

Für Letztere ist es allerdings in seiner natürlichen Form zu dick. Die Industrie spaltet es daher zwischen Fleisch- und Fellseite in dünne Scheiben, es entsteht das Rinderspaltleder. Bei geringerer Dicke wird dieselbe Hautfläche damit mehrmals nutzbar gemacht und somit billiger.

Für Handarbeiter ohne die entsprechende Maschine ist das aber nicht möglich. Hier muss auf die Technik der Naturvölker zurückgegriffen werden: Die Häute werden bis zum Erreichen der gewünschten Dicke dünngeschabt, -geschnitten oder -geklopft.

Ob industrielle oder althergebrachte Methoden angewandt werden, das Dünnermachen der Haut bleibt immer ein Kompromiss zwischen natürlicher Festigkeit und geringem Gewicht. Je mehr nämlich die natürliche Form der Haut verändert wird, desto mehr wird das Geflecht der Lederfasern zerstört. Selbstverständlich geht das auf Kosten der Haltbarkeit. Von Modeleder wird selten eine größere Festigkeit verlangt als von gewebten Textilien; die erfüllt ein Spaltleder allemal. Es ist aber zuviel verlangt, von Spaltleder zu erwarten, dass es beim Hängenbleiben, zum Beispiel an einem Stacheldraht, nicht einschlitzt; solchen Zerreißproben ist das unverfälschte Produkt viel eher gewachsen.

Ein von Natur aus leichteres, dünneres Rindsleder stammt vom Kalb, das Kalbsleder. Hierbei werden noch die einzelnen Entwicklungsstadien der Kälber unterschieden. Die zartesten, kleinsten Häute stammen natürlich von frisch geborenen Kälbchen. Je weiter sich das Kalb zum sogenannten Fresser, dem Entwicklungsstand zwischen Milchkalb und erwachsenem Rind, entwickelt, desto dicker, fester und schwerer wird die Haut.

Das Haarkleid der Rinder und Kälber ist nicht besonders wertvoll. So werden in den meisten Fällen Leder und keine Pelze hergestellt. Außerdem bedarf es beim Rind im Rahmen der Gerbvorbereitungen in der Regel eines chemischen Hautaufschlusses, der erst wirklich weiche Leder ermöglicht. Bei den meisten dieser Arbeitsschritte, auf die im entsprechenden Kapitel näher eingegangen wird, fallen die Haare größtenteils von selbst aus.

## Pferd

Pferdehaut (und die meisten zugehörigen Arten wie Pony oder Esel) bereitet beim Gerben eine besondere Schwierigkeit: Die Hautstruktur ändert sich über das normale Hautbild hinaus von einer Körperregion zur anderen erheblich und anders als zu erwarten: Über dem Hinterteil wird sie besonders dick, während sie sonst lockerer und weicher als die der Rindshaut ist. Von der Schwierigkeit beim Gerben abgesehen, kann die Pferdehaut aber ein sehr gutes Leder liefern.

Die lockeren Hautstellen verhalten sich im Gerbprozess anders als die festen, und so ist es schwierig, ein gleichmäßiges Leder zu erzielen. Die voraussichtlich entstehenden Ungleichmäßigkeiten können so weit gehen, dass die lockeren Stellen bereits gegerbt sind, während die festeren es im Extremfall niemals sein werden, weil sie vorher verkleben oder verfaulen.

Zu lösen ist das Problem durch komplizierte Hautaufschlüsse. Diese chemischen und biochemischen Arbeiten sind aber ein sehr weites Feld, und das nötige Wissen zu vermitteln, wie man eine ungleiche Haut gleichmäßig aufschließt, kann hier nicht geleistet werden.

Außerdem ist es ratsam, zu komplizierte und problematische Verfahren den Spezialisten zu überlassen und sich als Einsteiger für den Hausgebrauch auf die einfacheren Verfahren und Materialien zu beschränken, dem eigenen Erfolg zuliebe.

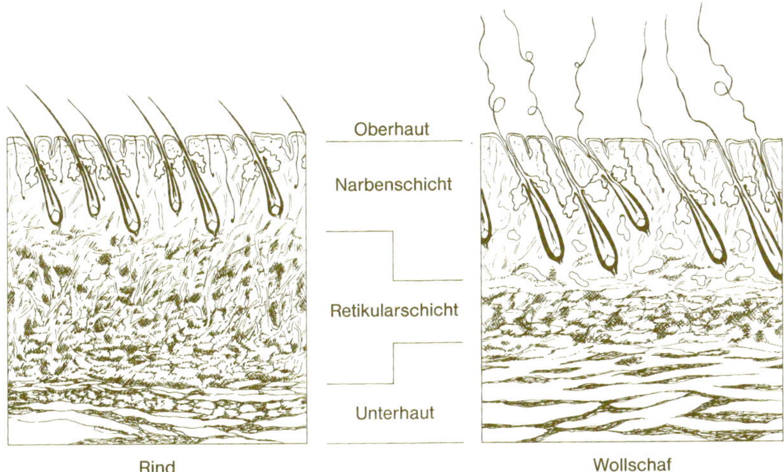


Vergleich des Hautaufbaus bei Rind und Wollschaf.

## Schaf

Bei der Schafzucht finden neben dem Fleisch das Leder und die Wolle große Beachtung. Entsprechend wird bei der Gerbung darauf geachtet, in keinem Arbeitsschritt die wertvollen Haare zu beschädigen.

Schafsleder ist allgemein als von geringer Festigkeit bekannt. Einerseits ist das richtig. Die „gelockten" Haarwurzeln, die dem entstehenden Haar ihre Form geben, verhindern durch ihre Raumforderung ein festes Fasergeflecht genauso wie die vielen in der Lederhaut eingelagerten Fettbündel. Andererseits gibt es etliche verschiedene Schafrassen, von denen einige nahezu die Hautfestigkeit der Ziege erreichen, während andere der gängigen Meinung entsprechen, Schaf gehöre zu den schlechtesten Ledern überhaupt.

Besonders beim Schaf gilt die Regel, dass die Qualitäten von Wolle und Leder sich entgegenstehen. Allgemein ergeben die feinwolligen Rassen (zum Beispiel Merino) ein dünnes, empfindliches Leder. Je rauer die Wolle ist, desto fester ist auch die Haut.

Die ursprünglichen Rassen wie das Wildschaf, dessen Haare man kaum mehr als Wolle bezeichnen kann, erreichen gute Festigkeitswerte. Sie kommen mitunter an die von Ziegenfellen heran oder erscheinen zumindest wie eine (allerdings praktisch unmögliche) Kreuzung aus Schaf und Ziege. Eben aus diesem Grunde werden solche Felle in der Fachsprache auch „Bastard" genannt.

Für den täglichen Gebrauch bedeutet das, dass ein Mantel aus der Haut eines Merinoschafes beim Hängenbleiben an einer scharfen Ecke bereits ein Loch hat, wenn ein Wildschafmantel noch keine Spur einer Verletzung zeigt.

## Ziege

Ziegenfelle sind leicht, von einer praktisch gut nutzbaren Größe und halten erstaunlichen Belastungen stand. Sie halten auch wärmer, als man es den kurz behaarten Pelzen auf den ersten Blick zutrauen möchte; Grund dafür sind die kleinen, dichten Wollhaare, die unter dem eigentlichen Haarkleid sitzen. Daher sind Ziegenfelle auch als Pelze interessant.

Im Gegensatz zum Schafhaar ist aber das Ziegenhaar nicht besonders widerstandsfähig. Es geht bei dauerndem Reiben schnell kaputt. Der Schritt einer Hose aus Ziegenpelz wäre also bald kahl geschabt. Man verwendet Ziegenfelle also besser dort, wo mechanische Reibungen weitgehend ausbleiben.

Gegenüber den meisten Schafrassen sind die Ziegenleder aber wesentlich stabiler, weil die einzelnen Hautfasern sehr stark sind und sich miteinander günstig verflechten.

Für die Eigenschaften des Leders sind wie bei allen Tieren Alter, Haltung, Futter, Lebensraum, Klima und Rasse wichtig.

## Rot- und Damwild

Während die Anlagen zu Fell- oder Lederqualitäten von Rot- und Damwild denen der Ziege in etwa gleichen, reißt betreffs der „richtigen“ Haltung hier die Diskussion nicht ab. Dies geschieht nicht zu Unrecht, wenn man bedenkt, dass die Lebensweise des Tieres der erste der drei Faktoren ist, der neben den beiden anderen, Tierart und Gerbung, den Wert des Produktes Leder mitbestimmt.

Die Frage, ob es für die Haut besser sei, das Wild zu bejagen oder auf der Weide zu halten, ist falsch gestellt. Von den Lebensansprüchen des einzelnen Tieres abgesehen, gibt es anstelle von falsch oder richtig nur die jeweiligen Konsequenzen der Haltungsart. So führt das freilebende Wild sicher ein natürlicheres Leben als das zahme, ist seine Haut zunächst also von gesünderer Qualität. „Gesunde“ Qualität bedeutet zum einen weiches, robustes Leder, zum anderen kann es aber auch Spuren von Verletzungen oder Parasiten aufweisen, was man bei guter Pflege dem Zahmtier vom Leibe halten kann. Besonders durch Schussverletzungen können allerdings die Wildhäute entwertet werden.

Ungeachtet dessen ist das Leder von Rot- oder Damwild von hervorragender Qualität und eignet sich bestens als Bekleidungsmaterial. Während das Verhältnis von Lederfläche und Gewicht ebenso günstig ist wie bei der Ziege, übertrifft das Rot- und Damwildleder das der Ziege noch an Festigkeit.

Wie Hirsch und Reh von ihrer Veranlagung her schnell und elastisch rennen und springen, ist die Haut an diese Bewegungen angepasst und spiegelt so die Lebensweise wider.

Das Haarkleid ist im Verhältnis zu seiner Dicke erstaunlich warm. Hier verhält es sich aber ebenso wie bei der Ziege, denn es hält mechanischen Beanspruchungen weniger stand als andere Haare, die von weicherer Beschaffenheit sind, wie beispielsweise die des Schafs.

## Kaninchen

Obwohl es denkbar wäre, Kaninchenfelle als zu klein für eine Nutzung einzuschätzen, interessieren sich gerade Kaninchenzüchter besonders für die Möglichkeiten, die erwirtschafteten Felle auch gerben zu können.

Neben der Verwendung als Handschuhmaterial finden die kleinen, leichten Pelze auch in die hauseigene Herstellung von allerlei Zierrat und Besätzen Einzug, über geschmackvolle Dekorationen bis hin zu selbst gebastelten Puppen.

Bei pfleglicher Behandlung, denn die dünne Kaninchenhaut ist nicht besonders robust, lässt sich mit der großen Farbauswahl einer angelegten Fellsammlung auch wirklich nutzbares Patchwork gestalten. Die im Falle der Lederherstellung entfernten Haare sind im Hausgebrauch aber von keiner Bedeutung.

## Schwein

In der Mehrzahl der Fälle wird die Haut des Schweins (nicht des Wildschweins) vom geschlachteten Tier gar nicht abgezogen, sondern kommt (zum Beispiel zusammen mit dem Speck) auf den Tisch. Direkt nach der Schlachtung werden die Schweine gesengt oder gebrüht, was nichts anderes zum Ziel hat, als die Haut von Borsten und Schmutz zu befreien. Das geschieht aber bei so hohen Temperaturen, dass eine Gerbung danach nicht mehr möglich ist.

Wer also versucht, eine beim Metzger erstandene Schwarte zu Leder zu verarbeiten, wird nur Misserfolge ernten. Will man Schweinsleder herstellen, muss die Haut demnach vor diesem Schlachthof-Routinegang abgezogen werden.

Wegen seiner spärlichen Behaarung braucht das Schwein natürlich eine dicke Haut. Egal ob Wild- oder Hausschwein, die Haut ist bei beiden dick, hat bei beiden einen Speck und weist bei beiden eine Besonderheit auf: Die Haare wachsen nämlich von der Oberhaut nicht nur in die Narbenschicht der Lederhaut ein, sondern durch sie und die nachfolgende Retikularschicht hindurch bis in die Unterhaut.

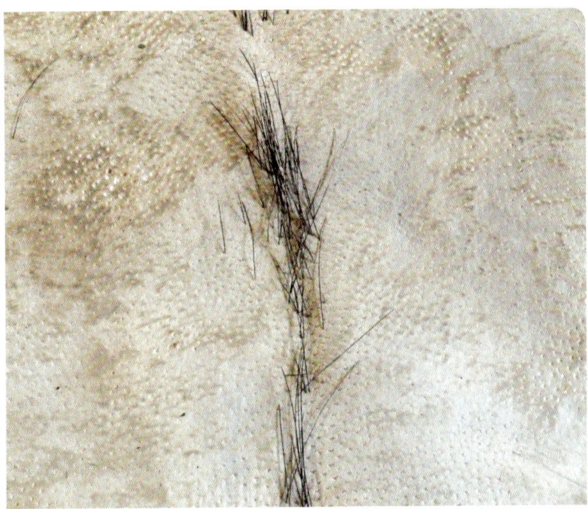

Porenbild der Schweinshaut von der Fleischseite. Die Haare ragen stellenweise von der Fellseite her durch die gesamte Haut hindurch und zur Fleischseite wieder heraus. Wer das Fell mit Haarkleid gerben möchte, sollte nicht so tief entfleischen, bis die Borsten sich ganz durchziehen lassen.

Das Schweinsleder lässt sich so an den durchgängigen Haarlöchern erkennen, die es zu einem Sieb mit wenigen, sehr feinen Löchern werden lassen.

Entsprechend ist Schweineleder auch porös, auf keinen Fall wasserdicht, aber es gehört trotzdem zu den ganz festen Ledern. Besonders beliebt war es früher in der Buchbinderei, heute auch in der Herstellung von Schuhobermaterial (nicht Sohle) sowie Taschen und Koffern.

Schwein findet in der „Pelzzurichtung“, um diesen Fachbegriff auch hierfür zu gebrauchen, keine Beachtung. Vielmehr sind die ausgelösten Borsten selbst von Wert, weswegen beim Hautaufschluss auch hier, wie beim Schaf, auf die Unverletztheit der Haare geachtet werden sollte, sofern man auf diese Wert legt.

# Die Haut beschaffen

Welchen Nutztierhaltern, die sich für das Gerben interessieren, wird die Frage „woher bekomme ich ein Fell“ nicht recht überflüssig erscheinen?

Schließlich fällt immer wieder eine Haut an; sie verwerten zu wollen, geht mit dem Wunsch nach selbst hergestellten Ledern und Pelzen Hand in Hand. Letzteren Wunsch hegen aber auch viele, die selbst keine Tiere halten können, dem Naturprodukt Leder aber sehr zugetan sind. Für sie ist die Beschaffung des Ausgangsmaterials, der Haut, eine erste Hürde auf dem Weg zum fertigen Leder.

## Woher bekomme ich ein Fell?

Allgemein kann jedermann in Schlachthöfen Häute kaufen. Die Auswahl ist allerdings meist vom gerade geschlachteten Vieh abhängig, da die Schlachthöfe wohl kaum die Häute längere Zeit lagern können. Sie stehen aber in aller Regel mit einem Häutehändler in Verbindung. Dieser verfügt über ein größeres Angebot von verschiedenen Tierarten und besitzt die nötigen Kenntnisse, den Kunden zu beraten.

In ländlichen Gebieten lohnt es sich, hausschlachtende Metzger nach Fellen zu befragen. Unter ihnen gibt es vielleicht auch solche, die sich auf das Schlachten von Ziegen oder Schafen spezialisiert haben – eine Fundgrube für den Heimgerber. Oder man fragt direkt bei Schäfern und Bauern nach.

Die beste Quelle für Kaninchenfelle sind die privaten Züchter. Einige unter ihnen wollen die zahlreich anfallenden Felle vielleicht selbst gerben oder gerben lassen, aber erfahrungsgemäß werden sie meistens weggeworfen oder für Cent-Beträge an Häutehändler verkauft.

Findigen Leuten wird schnell auffallen, dass gerade Kaninchen häufig überfahren auf der Straße herumliegen – leider. Um eifrige Gerber nicht in Versuchung zu bringen, wird hiermit davor gewarnt, solche Häute einzusammeln. Wer überfahrenes Wild unberechtigt aufsammelt, begeht ein Eigentumsvergehen. Rechtlich gehören auch die überfahrenen Tiere, so es zahme sind, ihrem Besitzer, das Wild dem zuständigen Jagdpächter oder sonstigen Revierverwaltern.

Eine letzte Möglichkeit, an Felle heranzukommen, besteht noch darin, an Jäger heranzutreten, denn diese werfen die Häute der erlegten Rehe oft weg, sofern sie sie nicht selbst verwerten wollen.

Am leichtesten lassen sich erste Kontakte wohl über Zuchtverbände und entsprechende Vereine knüpfen.

### Tipp für Einsteiger

Allen „Gerber-Lehrlingen“ sei an dieser Stelle empfohlen, nicht gleich mit großen Häuten wie denen von ausgewachsenen Ziegen oder Schafen oder gar von Rindern zu beginnen. Für Anfänger sollte die Arbeit wie auch das Werkstück selbst überschaubar bleiben. Daher eignen sich für sie Felle von Schaflämmern, Zickeln oder Kaninchen am ehesten.

## Ekel – Ethik – Vernunft

Als Gerber wird man bei jedem Arbeitsstück mit dem Tod von Tieren auf eine Weise konfrontiert, wie es in der modernen Gesellschaft schon fast der Vergangenheit angehört (mit Ausnahme der entsprechenden Berufe natürlich). Auch wenn man selbst nicht schlachtet, ist es immer noch etwas ganz anderes, eine Haut zu erstehen und weiterzuverarbeiten, als wenn man ein Stück Fleisch kauft und damit Essen zubereitet.

An dieser Stelle soll jedoch nicht darüber diskutiert werden, ob es moralisch vertretbar ist, Tiere zu töten, oder ob man dies überhaupt lassen sollte. Es ist einfach eine Tatsache, dass Tiere sterben, damit Menschen Fleisch und Felle bzw. Leder haben (vgl. Vorwort).

Bis es zum fertigen Leder oder Pelz kommt, muss der Handgerber eine Reihe von Arbeitsschritten hinter sich bringen, zu denen mancher anfangs wohl erst eine natürliche Scheu überwinden muss. Das kann mit dem Schlachten der lieb gewonnenen Hausgenossen anfangen und begleitet einen, bis man sich daran gewöhnt hat, bei allem weiteren Tun, bei dem Leben und Tod des Tieres noch gegenwärtig spürbar sind. Wer nicht daran gewöhnt ist, wird vielleicht sogar mit Ekelgefühlen zu kämpfen haben, wenn er das erste Mal Klauen abschneidet, wabblige Unterhaut entfernt oder gar einen Schädel zerlegt, um für die Gerbung nach Indianerart das Hirn herauszuholen.

Ekel lässt sich nicht ausreden, sondern nur durch Überwindung und Gewohnheit ablegen. Und seines Ekels braucht man sich nicht zu schämen, er ist am Anfang etwas ganz Natürliches. Immerhin berührt man mit dem Zurichten einer Haut Bereiche, die in unserer Gesellschaft keine Rolle mehr spielen und daher eher verdrängt werden. Außerdem bedeutet die angeborene Fähigkeit, sich ekeln zu können, einen Schutz davor, sich zum Beispiel an Aas zu vergiften.

Aber: Nicht jeder Ekel ist sinnvoll. Warum jedoch hat es überhaupt Sinn, sich die Mühe zu machen, starke, widerstrebende Gefühle zu überwinden?

Bei Naturvölkern trifft man immer wieder auf die Einstellung, einem getöteten Tier Achtung erweisen zu wollen und nichts von diesem „Opfer" verderben zu lassen. Diese Haltung kann man (in moderner Form) auch in unserer Gesetzgebung wiederfinden, nämlich dem Verwertungsgebot. Wenn es schon sein muss, dass Tiere geschlachtet werden, ist es nur richtig, möglichst alles von ihnen zu verwerten. Doch der Gedanke geht weiter. Verantwortungsbewusstes Handeln setzt Entscheidungen für und wider bestimmte Gerbverfahren voraus.

Nicht für alle Gerbmethoden sind diese Chemikalien notwendig. Paradoxerweise ekelt sich kein Mensch vor diesem Bild, obwohl ein Teil der Stoffe gesundheitsschädlich ist.

### Umweltverträgliches Gerben

Gerade der Freizeitgerber, der nicht über die industriellen Möglichkeiten der Entsorgung verfügt, sollte, so weit es geht, auf den Einsatz von harten Chemikalien verzichten. Er braucht sie tatsächlich nicht, wenn er sich auf einfache Gerbarten beschränkt. Er wird trotzdem schöne, brauchbare, sehr weiche Leder herstellen können.

Zunächst fällt es dem heutigen Menschen aus der Gewohnheit heraus erst einmal leichter, sauber verpackte, nicht stinkende Chemikalien zusammenzurühren, auch wenn diese aus ökologischer Sicht als schädlich oder belastend eingestuft werden müssen, als einen Tierschädel zu spalten und das Gehirn zu verarbeiten.

Aus Ganzheitlicher Sicht ist es nur vernünftig, das gefühlsmäßige Widerstreben, zum Beispiel gegen die Hirngerbung, zu überwinden. Ein ökologisch einwandfreies Leder wird der Lohn sein.

## Der rechtliche Rahmen beim Schlachten

Auch als Freizeitgerber kommt man mit einigen Gesetzen direkt oder indirekt in Berührung, die vor allem den Tierschutz, die Hygiene und die Abfallbeseitigung betreffen. Diese Gesetze sind sich innerhalb der EU-Staaten sehr ähnlich.

Ist man selbst Viehhalter, ist schon das Töten bzw. Schlachten der Tiere gesetzlich geregelt. Der Tierschutz hat durchgesetzt, dass Wirbeltiere nur unter Betäubung und Vermeidung von Schmerzen getötet werden dürfen, und töten darf nur, wer die dazu notwendigen Kenntnisse hat. In gesetzlich geregelten Ausnahmefällen, wo auf das Betäuben verzichtet wird, wie beispielsweise bei der Jagd, dürfen ebenfalls keine vermeidbaren Schmerzen entstehen.

Für das Schächten braucht man in der Bundesrepublik Deutschland eine Ausnahmegenehmigung der zuständigen Behörde, die aber nur für Anhänger bestimmter Religionen, die das Schächten zwingend vorschreiben, erteilt werden kann. In der Schweiz ist das Schächten sogar generell verboten, was zu Konflikten mit bestimmten kulturellen Gruppen führt.

Die Betäubung muss normalerweise durch einen Bolzenschussapparat erfolgen. Bei Lämmern, Zickeln, Ferkeln, Geflügel reicht ein Kopfschlag. Kann bei Geflügel der Kopf schnell und vollständig vom Rumpf getrennt werden, darf eine vorherige Betäubung wegfallen. Das gilt auch für die Schweiz, denn Geflügel fällt nicht unter das allgemeine Schächtverbot. Generell ist auch die Betäubung mittels elektrischen Stromes zugelassen, wenn entsprechende, erprobte Apparate verwendet werden. Genickschlag (außer bei Kaninchen), Genickstich sowie Brechen des Genickes sind verboten.

Außerdem dürfen die Schlachttiere vor der Betäubung nicht an den Hinterläufen aufgehängt werden, die Betäubung muss im Stehen erfolgen. Erst, wenn am Tier keine Bewegung mehr wahrnehmbar ist, also nach dem Ausbluten, darf das passieren und die Weiterverarbeitung beginnen (Rupfen, Brühen, Enthäuten, Ausweiden usw.).

Das Schlachten muss unter Ausschluss der Öffentlichkeit und in geschlossenen Räumen vorgenommen werden; Kinder unter 14 Jahren dürfen nicht zusehen. Wo ein Schlachthof ist, wird eine Hausschlachtung normalerweise nicht gestattet. (Dies betrifft nur Tiere ab Lammgröße, die schon Grünfutter zur Milch dazufressen.)

Die Hygienegesetze schreiben vor, dass die Tiere vor dem Schlachten keine Anzeichen von Krankheit haben dürfen (daher die Vorschrift der Lebendbeschau), und dass nach dem Ausbluten ohne zeitlichen Verzug mit dem Enthäuten, Enthaaren und Ausweiden begonnen werden muss.

Anschließend muss das Tier vom Fleischbeschauer untersucht werden, was genauso Pflicht bei der Hausschlachtung ist. Nur wenn das Fleisch ausschließlich für den Besitzer sein soll, kann auf Antrag im Einzelfall eine Befreiung von der Schlachttieruntersuchung erteilt werden.

Die Schlachtabfälle müssen an die Tierkörperverwertungsanstalt abgeliefert werden. Dies ist genauestens im Tierkörperbeseitigungsgesetz geregelt. Natürlich sind davon viel mehr die Schlachthöfe betroffen als private Viehzüchter. Trotzdem kann man als Viehhalter immer zu einem unbrauchbaren Kadaver, zum Beispiel nach einer Notschlachtung oder Totgeburt, kommen.

Von der Schlachtung selbst bleiben oft Blut, Borsten, Federn, Schädel, Klauen, Knochen und Innereien, vor allem die Därme, übrig. Beseitigungspflichtig sind Körperschaften des öffentlichen Rechts. Es gibt Sammelstellen für Tierkörper, die die Tierkörperbeseitigungsanlagen beliefern. So kann man seinen Abfall gegen geringe Gebühr beim Schlachthof loswerden, vielleicht auch bei manchen tierärztlichen Kliniken.

In dem Fall aber, dass ein einzelnes Tier in der Größenordnung wie Hund, Katze, Ferkel, Kaninchen, kleine Lämmer, Geflügel oder sonstiges Kleintier anfällt, darf es auf eigenem, privaten Gelände, jedoch nicht in Wasserschutzgebieten, vergraben werden, wobei die Grube mindestens so tief sein muss, dass 50 cm Erde auf dem Kadaver liegen. Die beim Privatmann normalerweise anfallenden geringen Mengen, sofern er nicht Großvieh hält, fallen demnach nicht unbedingt unter dieses Gesetz.

Ein beseitigungspflichtiges Tier darf nicht abgehäutet oder zerlegt werden, das trifft zum Beispiel auch auf alle überfahrenen Tiere auf der Straße zu. Beseitigungspflichtig ist in diesem Fall der Besitzer des Tieres.

**Individuell informieren**

Die Regelungen, die den eigenen Wohnort betreffen, kann man bei den örtlichen Behörden erfahren. Zuständig ist das Veterinäramt. Man kann im Rathaus nach den entsprechenden Adressen fragen.

## Recht und Gesetz beim Gerben selbst

Von dem bisher Gesagten allerdings ist das Gerben an sich kaum betroffen, es sei denn, man schenkt den bei der Lederproduktion abfallenden Haaren oder dem abgeschabten Unterhautgewebe größere Beachtung. Je nach Gerbart liegt die Belastung und Verantwortung mehr auf dem produzierten Abwasser.

Soweit die Problematik der Schadstoffeinleitung und Gewässerbelastung angemeldete Betriebe wie Gerbereien und Schlachthöfe betrifft, wird dies durch das Wasserhaushaltsgesetz und ausführende Verwaltungsvorschriften

### Umgang mit Chemikalien

Will man aus triftigen Gründen nicht auf die Verwendung von Chemikalien verzichten, bedeutet das für den Verantwortungsbewussten einen äußerst sorgsamen Umgang mit den Materialien und auch, dass Materialreste anschließend entsorgt und, wenn erforderlich, dem Sondermüll zugeführt werden. Auch kleine Mengen sind im Restmüll oder Abwasser zu viel!

geregelt. Öffentliche Betriebe sind bis zu einem gewissen Grad kontrollierbar. Nicht so der Privatmann, bei dem niemand feststellen kann, welche Substanzen er in seinem kleinen Rahmen in den Ausguss oder Boden kippt. Hier kann nur die persönliche Verantwortung des Einzelnen über ein immer wacher werdendes Umweltbewusstsein den Freizeitgerber in seinem Verhalten bestimmen.

Es ist ratsam, auf diejenigen Gerbmethoden zu verzichten, bei denen belastende Chemikalien verwendet werden, und auf die harmlosen auszuweichen. Naturbelassenheit ist heute ein Wert. Absolut umweltverträglich und gewässerfreundlich ist die Hirngerbung, die ein harmonisches Teil im ökologischen Kreislauf darstellt. Aus der Umweltperspektive ist sie die beste Gerbmethode.

## Übertragbare Krankheiten

Es gibt Krankheiten, wie beispielsweise die Tollwut, die nur vom lebenden Tier übertragen werden können und somit für den Gerber keine Gefahr darstellen, denn seine Berührung beginnt normalerweise erst mit der frisch abgezogenen Haut des toten Tieres. Darüber hinaus mindern moderne Hygienemaßnahmen und eine konsequent durchgeführte Fleischbeschau die Ansteckungsgefahr vom Tier zum Menschen beträchtlich. (Kranke Tiere dürfen nicht verarbeitet werden.)

So ist zum Beispiel der Milzbrand in Deutschland bzw. Europa nahezu ausgestorben, dessen Erreger zu den hartnäckigen gehören und im Boden jahrzehntelang überdauern können.

Hier bestünde für den Gerber also nur die Gefahr der Ansteckung, wenn er in solchen Ländern arbeitet, wo es diese Krankheit noch gibt oder von dort kommende Häute weiterverarbeitet.

Ein zweites ist der Rotlauf, eine Schweinekrankheit, die aber genauso durch Fische, Vögel, Geflügel, Schafe und altes Fleisch übertragen werden kann. Auch der Rotlauferreger ist ein harter Bursche. Bei genügend Feuchtigkeit und Wärme lässt es sich für ihn gut leben, das heißt, in der abgezogenen Haut kann er, solange sie nicht trocknet, überdauern und, sofern er in eine noch so kleine Wunde eindringen kann, den Menschen anstecken.

Als drittes besteht die Möglichkeit, wenn auch nicht sehr wahrscheinlich, sich an Hautpilzerkrankungen (zum Beispiel der bei Kälbern häufig auftretenden Talerflechte), an denen das geschlachtete Tier litt, anzustecken, denn in einer warmen Umgebung können die widerstandsfähigen Pilze sehr lange überdauern.

Viele Wurmkrankheiten, darunter auch der gefährliche Fuchsbandwurm, werden durch Ausscheidung (meist im Kot) übertragen.

Auch wenn ein Tier gesund ist, sind vor allem bei Stallvieh häufig Kotreste und anderer Schmutz am Fell, die in eine Wunde gelangen und eine Entzündung hervorrufen können.

Außerdem geschieht es nicht selten, wenn man viele Felle gleichzeitig bearbeitet, dass das eine oder andere zu „gammeln“ beginnt. Solche Zersetzungsprodukte können ebenfalls in einer Wunde gefährlich werden. Deshalb ist es ratsam, beim Gerben immer Gummihandschuhe zu tragen.

Die seit den 90er-Jahren des letzten Jahrhunderts wohl bekannteste Krankheitsübertagung von Tier auf Mensch ist BSE, die allerdings nur die Wiederkäuer betrifft. Gehirn und Rückenmark dieser Tierarten dürfen nicht mehr in den Verwertungskreislauf gelangen. Kein Problem für den Gerber, der sich für die Hirngerbung entschieden hat, denn Schweine sind keine Wiederkäuer und können daher kein BSE bekommen. Ihr Gehirn kann nach wie vor in Metzgerläden bestellt werden.

## Ratschläge für den Einsteiger

- Verwenden Sie eine kleine, überschaubare Haut, wie Kaninchen, Zickel oder Lamm.
- Wählen Sie zunächst die einfachsten Gerbarten, wie Alaun- oder Hirngerbung; die Vorarbeiten alleine machen schon genug Schwierigkeiten.
- Verzichten Sie zunächst auf Vorarbeiten, die nicht unbedingt nötig sind, wie Kälken oder Beizen, denn sie stellen eine potentielle Gefahr für die Haut dar, wenn sie entgleiten.
- Nehmen Sie zum Üben keine wertvollen Häute. Wenn solche zerschnitten werden oder sonst wie kaputtgehen, ist es immer schade. Wertvolle Häute lassen sich konservieren, bis der Gerber sein Fach beherrscht.
- Intaktes Werkzeug, wie scharfe Messer, saubere Gefäße usw. ersparen viel Zeit und Ärger.
- Stellen Sie sich darauf ein, dass gerade von Einsteigern viel Ausdauer und Geduld gefordert ist – vor allem beim mechanischen Weichmachen der Leder, wenn man schon glaubt, am Ziel zu sein. Hier lässt sich zwar kein Schaden am Leder anrichten, aber es wird bei nachlässigem Arbeiten nicht weich.

## Fell oder Leder?

Zunächst ein paar Worte zu den Begriffen: Während umgangssprachlich mit Fell das behaarte Leder bezeichnet wird, mit Leder aber die enthaarte, gegerbte Haut, versteht man in der Fachsprache unter Leder zwar dasselbe, unter Fell aber die Haut von Ziegengröße abwärts, egal ob mit oder ohne Haar. Von einer Haut hingegen ist nur bei größeren Tieren die Rede, wobei wieder nicht zu erkennen ist, ob sie behaart oder nackt ist.

### Folgendes sollte man zum Gerben haben

- Wasserdichte Gefäße, in denen das Fell genug Platz hat, um mit Wasser völlig bedeckt bequem bewegt zu werden.
- Mindestens ein scharfes Messer, das sowohl beim Fellabziehen als auch zum Enthaaren und Entfleischen wichtig werden kann.
- Die aufgeführten Chemikalien und Gerbmittel.
- Einen Platz oder Raum mit Wasserzu- und -abfluss.
- Sofern die Rezepte vorbildtreu befolgt werden sollen, die aufgeführten Werkzeuge, wie Gerberbaum, Fellschaber oder Enthaareisen.
- Gummihandschuhe und Gummischürze als notwendige Hygienemaßnahme und Schutz vor Verschmutzung.

Wir ziehen hier wegen ihrer Klarheit die Umgangssprache vor. Wenn von Fell oder Leder die Rede ist, ist in diesem Buch die behaarte bzw. enthaarte Haut vor und nach der Gerbung gemeint. Spätestens nach dem Einweichen und Waschen sollte der Gerber wissen, ob er Fell oder Leder herstellen möchte. Diese Entscheidung hängt nicht zuletzt von der Tierart ab, die ihm mit ihrer Haut zur Verfügung steht, und dem Verwendungszweck, den der Gerber anstrebt. Grundsätzlich kann jede Haut gleichermaßen zu Fell oder Leder verarbeitet werden, trotzdem ist nicht jede für beides gleich geeignet.

Felle sind für die Kleiderherstellung sehr schwer. Außerdem muss darauf geachtet werden, dass Sommer- bzw. Winterhaarwechsel vollständig abgeschlossen sind, sonst kann das gegerbte Fell haarlässig werden. Insofern ist man beim Schlachten oder Jagen hinsichtlich der Lederherstellung zeitlich nicht eingeschränkt.

Felle machen dem Einsteiger mehr Mühe, weil er sich mit dem Hautaufschluss zunächst noch schwer tut. Außerdem sind für Felle diejenigen Gerbmethoden ungünstig, bei denen das Gerbmittel ohne Hautaufschluss nur schlecht in die Haut eindringt (Fettgerbung, Glacégerbung, vegetabile Gerbung).

Felle können Schmuckstücke sein oder in ihrer Schönheit an ein prächtiges Tier erinnern sowie als Schlafunterlage, Decke, Pelzbekleidung oder Handschuhe ihren Dienst tun.

Leder sind weniger Schmuck, bieten aber mehr Verwendungsmöglichkeiten, wie für alle Sorten Kleidung, Taschen, Riemen, Sättel, Schuhe, Koffer und dergleichen.

Abschließend sei dem Einsteiger als letztes Kriterium für Fell oder Leder noch gesagt, dass die Fellbereitung oft anstrengender ist, als ein Leder zu gerben, weil auf die erleichternden Hautaufschlussarbeiten weitgehend verzichtet werden muss.

### Was tun bei haarlässigem Fell?

Kein Problem: Haben Bakterien beim Konservieren, Einweichen oder Gerben das Fell haarlässig gemacht, kann es immer noch zu Leder verarbeitet werden.

# Erste Vorarbeiten

Dieses Kapitel ist für den Einsteiger von Bedeutung, der noch niemals eine Haut abgezogen hat. Es empfiehlt sich hierfür, wie für das Gerben auch, mit kleinen Tieren zu beginnen.

## Das Abziehen der Haut

Das Enthäuten gleicht sich bei kleinen und großen Tieren so weit, dass die folgende Beschreibung gleichermaßen für Kaninchen wie für Schafe, Ziegen und so weiter gilt. Erfahrungen, die der Gerber mit bestimmten Häuten macht, können also auf unterschiedliche Größen und Tierarten übertragen werden.

Beim Enthäuten wird sprichwörtlich das Fell über die Ohren gezogen. Das ist die am häufigsten angewandte Methode, einen Pelz „auszuziehen". Dabei wird kein Wert auf kleinste Körperteile gelegt, das Hauptinteresse liegt in diesem Fall auf dem Fleisch des Tieres; die Haut muss entfernt werden, damit es zugänglich wird. Das Tier muss pfannenfertig nackt sein, und das Fell stellt, sofern es nicht im Müll landet, einen potentiellen Winterhandschuh oder ähnliches dar.

### Die gängigste Methode

Das Vorgehen ist einfach: Nachdem der tote Tierkörper an den Hinterbeinen (Kopf nach unten) in bequemer Arbeitshöhe aufgehängt worden ist, wird über den Hinterfüßen ein Rundschnitt gemacht. Dieser trennt wie ein Ring das Fell der Füße von dem des übrigen Körpers.

Warum über den Füßen? Weil man sich (zum Beispiel bei Kaninchen) das aufwendige Abziehen der Zehen mit ihren vielen Buchten und Sehnen auf diese Weise spart; auch bei den Huftieren ist es meist überflüssig, denn die Füße will sowieso niemand essen. Sie enden eher als Hundefutter, oft über den Umweg der Tierkörperbeseitigungsanstalten.

Ist der Trennring also entstanden, folgt von ihm aus an der Schenkelinnenseite ein Längsschnitt entlang des ganzen Beines. (Genauso verfährt man mit dem anderen Hinterbein.) Die

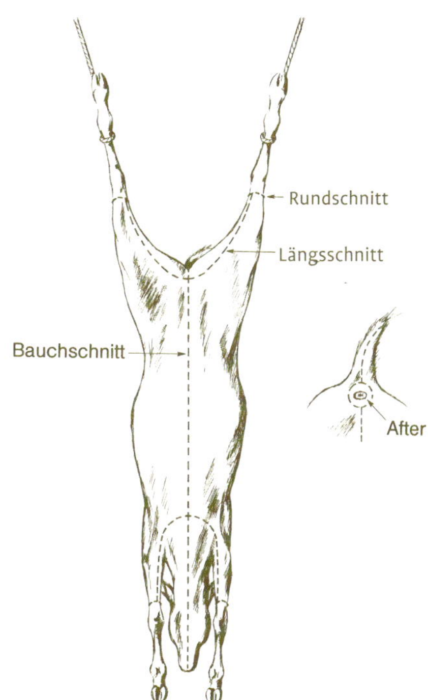


Die richtigen Schnittstellen für das Enthäuten.

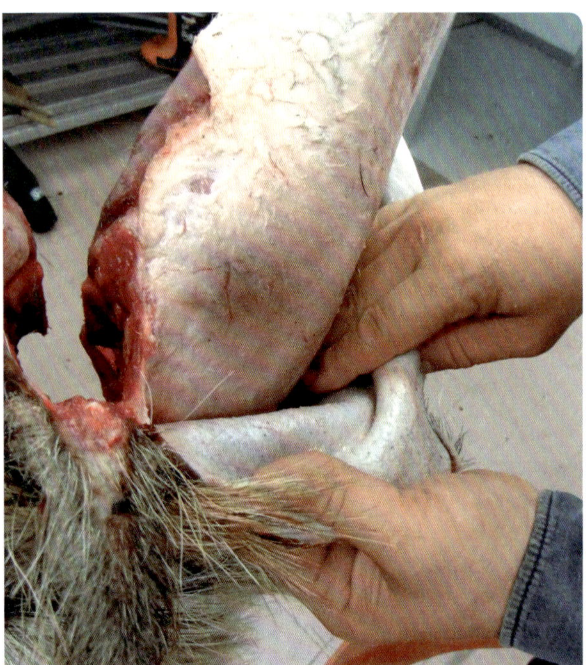

Das linke Hinterbein eines Wildschweins ist bereits enthäutet. Die Haut lässt sich sauber vom Fleisch trennen, wenn sich stets eine Hand dazwischenschiebt, während die andere zieht.

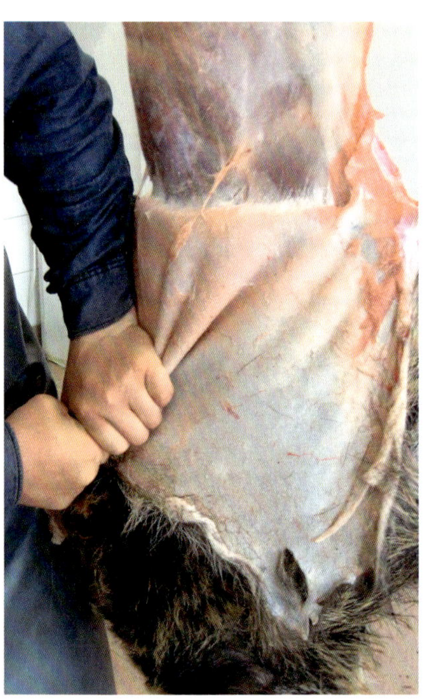

Bei größeren Tieren muss unter Umständen sehr kräftig gezogen werden, um das Fell vom Fleisch zu trennen.

Längsschnitte des linken und des rechten Hinterlaufs treffen auf einer gedachten Linie zwischen After und Nabel aufeinander.

Jetzt lassen sich die Hinterläufe richtig „auspellen", wenn die Haut von dem geschnittenen Ring aus heruntergezogen wird. Ist vorsichtig genug geschnitten worden, wurde nur die Haut durchtrennt und das darunter liegende Fleisch blieb unverletzt. Ein scharfes Messer erleichtert die Arbeit wesentlich, oft wird nämlich das Abziehen der Haut durch angewachsene Stellen behindert.

Hier fährt man vorsichtig mit dem Messer zwischen Haut und Körper und durchtrennt diese Stellen. Dabei bedarf es etwas Geschicklichkeit, die Haut so weit es geht zu ziehen und genau dort, wo sie spannt, mit der scharfen Messerspitze dazwischenzufahren. Die andere Hand hält das Fell währenddessen unter Zug.

Mit etwas Übung erkennt man schnell, wo sich Spannstellen befinden, ist sofort mit dem Messer zur Stelle, und die ziehende Hand bemerkt gar keine Unterbrechung der fließenden Bewegung. So werden beide Beine vom Fell befreit.

Mit dem Messer wird danach ein dritter Schnitt gemacht, der von dem Treffpunkt der beiden ersten Schnitte aus bis zum Schwanz geht. Dabei empfiehlt es sich dringend, den After und damit den Darm unverletzt auszuschneiden. Das verhindert eine Darmentleerung über das Fell, das Fleisch und die eigenen Hände. Der dritte Schnitt ermöglicht nun, das Becken und den Schwanz wie oben beschrieben freizulegen, bis das Fell nur noch am Unterbauch hängt.

Jetzt geht das Abziehen schneller und in großen Schritten voran: Während die linke Hand sich gegen den Tierkörper stemmt, packt die rechte die Haut und zieht sie, abwechselnd an jeder Seite, gleichermaßen vom Tier weg und nach unten.

Bald bietet sich die Gelegenheit, mit der rechten Hand zwischen Körper und Haut wie in eine Tasche hinein zu fahren und die Haut so ringsum vom Fleisch zu trennen – eine sehr bequeme Arbeitsmethode. Es lassen sich so, je nach Bedarf, das Schneiden mit der scharfen Messerspitze, das einfache Ziehen und das Zwischenschieben der Hand kombinieren und nebeneinander einsetzen, bis das Fell wie ein Schlauch bis zum Hals abgezogen ist.

Die Vorderbeine machen fast keine Mühe. Sie werden wie ein Finger aus dem Handschuh aus ihrem Fell gezogen. Am Fußgelenk lässt sich die Haut schwerer abziehen; dort wird sie per Rundschnitt kurzerhand abgeschnitten. Genauso verfährt man üblicherweise auch mit dem Kopffell: Es wird am Hals oder auch mehr zum Schädel hin abgeschnitten. Dadurch entsteht in der Regel aber keine Fellentwertung, denn am Hals ist ohnehin eine Schlachtverletzung, und das Gesicht liefert mit seiner kleinen, viel gelöcherten Fläche auch kein brauchbares Leder. Übrig bleibt ein großer Schlauch mit zwei kleinen Schläuchen, den Vorderbeinen.

## Methode ohne Rundschnitt

Eine andere Methode, die zum Ziel hat, ein Fell zu bekommen, an dem nichts fehlt, zum Beispiel für Puppen, zum Ausstopfen oder um seiner selbst willen, muss sehr viel sorgsamer erfolgen. Auch hier wird mit dem Abziehen an den Hinterläufen begonnen, auch in diesem Fall mit einem Längsschnitt an der Schenkelinnenseite (bis zur Spitze der äußeren Zehe bzw. bis zum Hufansatz), aber der Rundschnitt bleibt aus, wenn man die Füße und Zehen im Fell erhalten will.

Hufschalen werden dabei abgeschnitten, die Zehen aber müssen einzeln enthäutet werden, was gar nicht so einfach ist. Der Grund für das hartnäckige Festhalten am Körper sind nämlich die vielen Sehnen. Und das ist nicht nur an den Zehen so, es ist am Schwanz und am Kopf auch nicht anders. Das Fell trotzdem sauber vom Fleisch zu trennen, bedarf einiger Geschicklichkeit und eines Messers, das an der Spitze sehr scharf ist. So weit es geht, kann man die Haut abziehen, nach wenigen Millimetern wird sie aber schon hängen bleiben, und genau dort, wo es zwischen Haut und Fleisch spannt, geht man mit

### Weiterverarbeitung des Fells

Felle von Kaninchengröße können konserviert werden, indem man sie mit der Haarseite nach innen fest mit Stroh ausstopft und zum Trocknen aufhängt (siehe Konservieren, ab Seite 29). Größere Felle jedoch dürfen so nicht verbleiben, sie würden faulen. Sie müssen auf der Bauchseite zwischen After und Gurgel aufgeschnitten werden, die Schläuche der Vorderbeine der Länge nach auf der Innenseite. Das muss auch mit kleinen Fellen geschehen, sobald sie gegerbt werden sollen.

der scharfen Messerspitze dazwischen. Dabei wird mit Gefühl ständig weiter gezogen, sodass sich wieder die harmonische Fließbewegung einstellt.

## Spezialfälle Schwanz- und Kopfhaut

Der Schwanz hat weder Falten noch Buchten, aber ihn unverletzt zu enthäuten, ist bei sehr kleinen Tieren schon ein Gesellenstückchen, geschweige denn bei der wertvollen, buschigen und langen Rute eines Fuchses. Gerade bei diesem, wie auch bei Hasen und Kaninchen, sieht man nichts als einen riesigen Fellbüschel, der die in ihm enthaltene Wirbelsäule nur erahnen lässt. Diese läuft ganz im Verborgenen und fast so weit wie der ganze sichtbare Schwanz.

Doch egal ob Kaninchen, Fuchs, Ziege oder Schaf, der Schwanz ist mit einer Unzahl von Sehnen mit der Haut erstaunlich fest verbunden, und jeder Versuch, mit einem kurzen Ruck das Enthäuten zu beschleunigen, kann mit einer abgerissenen Spitze enden. Um das zu verhindern, muss man den Schwanz auf seiner Unterseite in voller Länge aufschneiden, dass alle Wirbel frei liegen. Und wieder geht man so vor, dass mit dem scharfen Messer die gesamten Sehnen zwischen Haut und Knochen durchtrennt werden.

Wer auch die Kopfhaut abziehen und am Fell behalten möchte, sollte sich zunächst die vielen in der Kopfhaut enthaltenen Löcher vergegenwärtigen. Das sind einmal die Augen, die Nase und das Maul, eventuell die Schussverletzung vom Betäubungsgerät und gegebenenfalls Löcher, die von den Hörnern herrühren, auch von Hornansätzen, zum Beispiel bei Schafen.

Das Verfahren ist ganz einfach: Man strafft die Haut auf der einen Seite durch das Gewicht des Schädels und am anderen Ende durch den Zug der Hand. Dazwischen fährt das Messer wie gehabt und trennt die Haut mühelos vom Kopf.

Der erste Schnitt geht von der Gurgel bis zum Kinn, so kann auch bequem die essbare Zunge herausgeholt werden. Dann fasst man den Hautzipfel einer Backe, zieht die Haut vom Kiefer weg und schneidet bei straffer Haut am Kiefergelenk beginnend bis zur Kinnspitze.

Wenn beide Kiefer freigelegt sind, geht es an die Ohren. Hält man die Haut auch hier stets straff unter Zug, geht der Schnitt automatisch und mühelos durch den Ohrknorpel durch. Will man das Kopfstück mitgerben, muss dieser Knorpel später herausgeschnitten werden, sonst wird das Ohr hart.

Ist auch das zweite Ohr abgeschnitten, geht man weiter über den Hinterkopf vor zur Nase. Die Augen liegen dabei glücklicherweise so geschützt, dass es kaum möglich ist, sie zu verletzen. Hinter der Nase, an den Oberlippen, ist Schluss, das Kopfstück ist vollständig vom Schädel getrennt.

## Zeitaufwand

Über den zu erwartenden Zeitaufwand beim Abziehen einer Haut lässt sich nichts Genaues sagen. Er ist zunächst von der Geschicklichkeit und Übung des Arbeiters abhängig, außerdem von seinen Möglichkeiten, wie scharf sein Messer ist, wie gut er das Tier aufhängen kann, was im Schlachthof durch die vorhandene Einrichtung perfektioniert ist, wo Fleischerhaken verschiebbar und in der Höhe verstellbar von einem Geländer herabhängen und in die Hinterbeine, zwischen Knochen und Sehne, über dem Fuß eingehakt werden. Ansonsten kann man sich bei kleinen Tieren gut mit einer Stehleiter behelfen.

Eine weitere Rolle spielt natürlich die Größe und die Lebensweise des Tieres. Auf alle Fälle wird der Anfänger beim Kaninchen nicht vor einer halben Stunde fertig sein; er sollte aber auch nicht länger als 1 ½ Stunden brauchen, damit die Haut nicht schon beim Abziehen trocknet und dadurch die Arbeit noch zusätzlich erschwert wird.

### Anti-Zecken-Tipps

- Wer keine Möglichkeit hat, das ganze Tier in ein Kühlhaus zu hängen oder erst die abgezogene Haut von jemandem bekommen hat, kann diese in einem Plastikbeutel über Nacht in der Tiefkühltruhe einfrieren – ein großer Teil der Zecken wird das nicht überleben.
- Bei (und vor allem nach) dem Abziehen immer wieder die Arme nach Zecken absuchen.
- Während der Arbeit Kleidung tragen, die bei 60 °C gewaschen werden kann.
- Nach allen Tätigkeiten schließlich den eigenen Körper gründlich absuchen und die Kleidung in die Waschmaschine stecken. Spätestens das wird keine Zecke überleben.

## Schutz vor Zecken

Vor allem Tiere, die wild gelebt haben, können Zecken im Fell tragen. Zur Beruhigung kann sofort gesagt werden, dass Zecken, die sich in der noch lebenden Haut schon festgebissen und Blut aufgenommen haben, Temperaturen bei Frostgraden nicht überstehen. Der erste Schutz gegen Zecken wäre also, die Haut bei −1 °C oder kälter einzufrieren.

Zecken aber, die noch kein Blut aufgenommen haben und auf dem Fell frei herumspazieren, können in eine so stabile Kältestarre fallen, dass sie auch mehrere Tage unter Null Grad überleben und mit dem Fell einfach wieder auftauen. Jeder Gerber sollte also unbedingt auf der Hut sein, auch nach etwaigem Frost keine wandernde Zecke einzufangen.

Ausgestopfte Kaninchenfelle am Seil (vgl. Text Seite 34).

## Das Konservieren der Felle

Wer ein Fell nach dem Abziehen nicht sofort weiterverarbeiten kann, muss es gegen Fäulnis und Verwesung konservieren. Zur Auswahl stehen Einfrieren, Salzen oder Trocknen.

### Einfrieren

Das Einfrieren ist, sofern man über die Möglichkeit dazu verfügt, sicher am bequemsten. Allerdings braucht man, gerade bei größeren Fellen, viel Platz in den meistens zu engen Kühlgeräten und ist schließlich auf solche angewiesen.

Das Vorgehen ist einfach: Möglichst schnell nach dem Abziehen kommt das Fell, in einem Plastikbeutel verpackt, in den Froster. So ist es quasi unbegrenzt haltbar, und nach dem Auftauen wird es wie eine frische Haut weiterverarbeitet.

### Einsalzen

Das Einsalzen kommt (wie das Trocknen) ohne Kühlgerät aus. Allerdings kann es beim Salzen, wenn es nicht wirklich gründlich gemacht wird, zu Fäulnis der Haut kommen.

Da Salz Feuchtigkeit anzieht, bewirkt eine ungenügende Salzbehandlung das Gegenteil von Konservierung. Die zu leicht gesalzene Haut wird feucht, Mikroorganismen siedeln sich an, und die Haut wird rasch zersetzt.

Das Salz muss also unbedingt in solchen Mengen verwendet werden, dass kein Leben in der Haut mehr möglich ist; sie muss völlig gesättigt sein.

Man bestreut dazu die Fleischseite dick mit Kochsalz und legt das Fell auf eine schiefe Ebene, damit die sich bildende Flüssigkeit abfließen kann. So bleibt das Fell ein oder zwei Tage liegen, bevor eine zweite ebensolche Salzbehandlung folgt. Nach weiteren zwei Tagen ist die Konservierung abgeschlossen.

Eine andere Möglichkeit ist, die Felle in gesättigte Kochsalz-Wasser-Lösung zu legen, sie darin einen Tag zu belassen und danach abtropfen zu lassen.

Diese Methode eignet sich besonders, wenn gleich mehrere Felle, gleichzeitig oder auch nacheinander, konserviert werden sollen. Man sollte lediglich darauf achten, dass auf dem Boden des Gefäßes etwas ungelöstes Salz bleibt. Das ist das sicherste Anzeichen, dass die Lösung gesättigt ist.

Salzig konservierte Felle sind relativ sicher gegen Fäulnis für viele Monate haltbar; auch jahreszeitlich bedingte Temperaturschwankungen gefährden sie praktisch nicht. Zum Aufbewahren lassen sich die gesalzenen Felle zum Beispiel in luftigen Kellerräumen über Stangen hängen oder auf Paletten stapeln.

Fliegeneier werden unweigerlich in allen Öffnungen und Hohlräumen des Schädels, wie Maul, Nase, Ohren, Augen und Wirbelsäulenstumpf abgelegt. Deshalb sollte der Kopf nicht längere Zeit mit der zu konservierenden Haut in Berührung bleiben. Die Maden, die aus den Eiern schlüpfen, können von dort aus auch die übrige, konservierte Haut befallen.

### Trocknen

Unter Umständen ist das Trocknen am einfachsten. Das Fell wird so aufgehängt, dass an allen Seiten trockene Luft vorbeifließen kann. Je nach Dicke ist es so zwischen einigen Stunden und ein paar Tagen trocken und damit hart geworden. Am schnellsten trocknen aufgespannte Felle in direktem Sonnenlicht bei leichtem Wind. Allerdings sollten sie an besonders heißen, windstillen Tagen trotzdem besser in den Schatten gestellt werden; die Sonne kann die Felle nämlich so stark erwärmen, dass das hauteigene Fett sich verflüssigt und sich dann wie ein imprägnierender Film über die Haut verteilt. Die späteren wasserabhängigen Vorgänge, wie das Einweichen und die Gerbung, werden dann entsprechend schlecht gelingen.

Dauert das Trocknen aber zu lange, etwa weil das Fell immer wieder einregnet, können Fäulnisbakterien ihre Zersetzungsarbeit aufnehmen; Fliegen können ihre Eier ablegen, die man aber sehen und finden kann. Fliegeneier sind ein Alarmzeichen, die Trockenbedingungen zu ändern.

Wird die Haut aber über 40 °C erwärmt, kann sie verleimen. Das heißt, sie wird unwiderruflich hart und kann auch nicht mehr gegerbt werden. Häute sind also nichts für elektrische Wäschetrockner und Bügeleisen. Vielmehr tun sich zum ledergerechten Trocknen, je nachdem, wie die Haut abgezogen wurde, zwei Möglichkeiten auf; der Sinn beider ist, zu verhindern, dass sich

## Wichtig bei trocken konservierten Häuten

- Nirgendwo dürfen Hautstellen sich einrollen, berühren oder auf etwas aufliegen.
- Das Fell darf – vor allem im Sommerhalbjahr – nicht mehrere Stunden lang irgendwo unbeachtet herumliegen, bevor es konserviert ist. Ansonsten beginnt die Verwesung bereits vor der Konservierung.
- Getrocknete Felle sollen kein gefundenes Fressen für Ratten, Mäuse oder kleine Raubtiere werden. Für diese sind sie nämlich eine beliebte Nahrung.
- Wo Fliegeneier sitzen, ist die Haut zu feucht. Sie sind stets ein dringender Hinweis, die Trockenbedingungen zu verbessern.

Das Kälken im Rahmen. Der Äscher, hier ein Gemisch aus Kalk und Holzasche, wird mit einem Besen aufgetragen.

## Maße und Material für den Rahmen

Man misst den Rahmen gut 2 Meter auf 1 ½ Meter. Da jedes feuchte Fell beim Trocknen aber schrumpft und dabei erstaunliche Zugkräfte entstehen können, sollte der Rahmen aus (Kant-)Hölzern gefertigt werden, die ein Gewicht von 100 kg tragen können, bei der angegeben Länge also einen Durchmesser (bzw. Kantenlänge) von 5 bis 8 cm haben sollten.
Zum Anbinden nimmt man etwa 20 m reißfeste Schnur von 2 bis 3 mm Dicke.

Ein mit Stützen versehener Rahmen kann gut alleine stehen.

die Felle beim Trocknen zusammenrollen und daher feuchte Taschen bilden, die, anstatt zu trocknen, verfaulen. In solchen feuchten Taschen findet man im Sommerhalbjahr garantiert bald Fliegeneier.

### Trocknen eines flachen Fells

Ist das Fell beim Abziehen der Länge nach aufgeschnitten und daher flach wie eine Decke geworden, muss es entsprechend großflächig in oder an einen Rahmen gespannt werden. Den Rahmen muss man dazu zwar erst herstellen, doch erweist er sich im Laufe vieler Gerbungen als sehr praktisch, sodass sich die Mühe lohnt.

In den aufrecht gestellten Rahmen spannt man große Felle nicht nur zum Trocknen, sondern sie werden darin auch in der Waagrechten straff und frei über dem Erdboden gehalten, wenn zum Beispiel nur einseitig Kalkäscher aufgetragen werden soll (Foto Seite 31).

Im einfachsten Fall ist der Rahmen ein mehr oder weniger alltägliches Fertigteil, etwa ein Baustahlgitter, das sich für kleinere Felle bis zu ausgewachsenen Schafshäuten eignet. Das Fell muss nur noch straff hineingebunden werden – fertig.

Nicht wesentlich schwieriger ist es, das Fell auf ein Brett zu nageln, wobei zwischen Brett und Haut eine Latte einen gewissen Abstand hält, damit das Fell nicht aufliegt und fault. Es muss frei hängen. Das Brett muss natürlich mindestens so groß wie das Fell sein, was sehr große Häute praktisch ausschließt. Sehr bequem ist das Brett, weil Nageln viel schneller geht als Anbinden.

Für große Häute, beispielsweise für die eines „Überläufers“, wie in der Jägersprache ein ein- bis zweijähriges Wild-

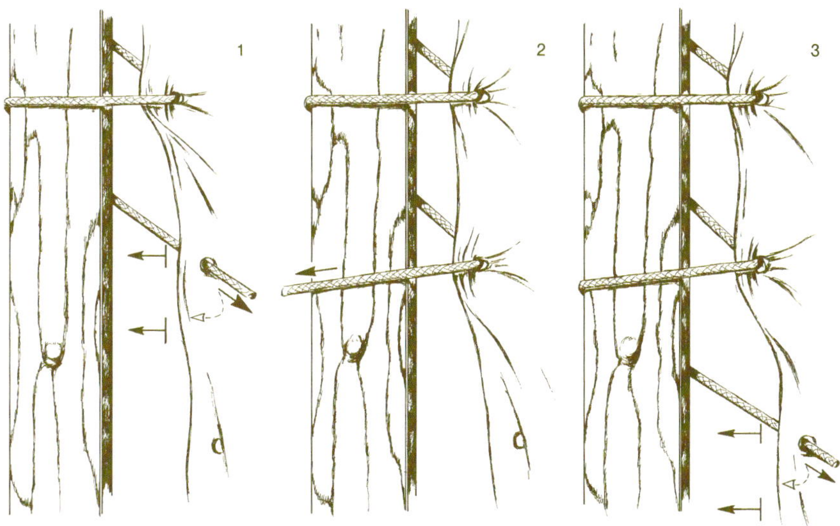


Richtige Seilführung, wenn ein Fell in den Rahmen gespannt wird.

schwein genannt wird, ist ein angefertigter Rahmen sehr empfohlen (Foto Seite 32). Die Maße sollten so gewählt werden, dass zwischen Fell und Rahmen überall 10 bis 20 cm Platz bleiben, damit das Fell bequem straff an alle vier Seiten des Rahmens angebunden werden kann, ohne dass es dabei den Rahmen berührt. Eine frische Haut dehnt sich nämlich, wenn sie straff gezogen wird.

Wenn der Rahmen stabil erstellt ist – er soll also weder zerbrechen, wenn das Eigengewicht des Fells und die zusätzlich entstehenden Zugkräfte angreifen noch sich verwinden können – werden auf der Fleischseite mit einem spitzen Messer alle 10 cm Löcher in den Rand des Fells gestoßen. Sie sollen so groß sein, dass sich die Schnur, an der das Fell aufgehängt wird, leicht durchziehen lässt, und dass man die Löcher wieder findet, wenn sie einmal herausgezogen war.

Damit sie nicht durch den entstehenden Zug ausreißen können, sollten die Löcher im Fell gut einen Zentimeter vom Rand entfernt sein. Wer einen Holzklotz unterlegt, wo ein Loch gestochen wird, schont sein Messer.

Man nimmt die Schnur in Teilstücken und nicht an einem Stück von voller Länge, sonst müsste sie bis zu 20 m lang durch die Löcher gefädelt werden; so spart man sich viel Ärger mit unlösbar verhedderten Knoten in der Schnur.

Durch jedes gestochene Loch wird sofort von der Fleischseite her Richtung Haarseite die Schnur gefädelt. Man nimmt dazu eine Länge und befestigt zuerst das Kopfende der Haut an einer der Schmalseiten des Rahmens. Hängt das Kopfende, verfährt man ebenso mit dem „Fußende“, erst danach werden die rechte und die linke Seite an je eine Breite des Rahmens gebunden. Dann strafft man alle Seile und spannt das Fell dabei, dass keine Falten entstehen.

Beim Straffen darf die Schnur aber nicht wie über eine Umlenkrolle durch das Loch wieder auf den Rahmen zurückgezogen werden. Das würde nach wenigen Zentimetern durchgezogener Schnur den verbliebenen Ledersteg durchgesägt haben, und das Loch wäre ausgerissen. Die Schnur wird deshalb durch das Loch hindurch weiter Richtung Fellmitte straff gehalten, und der Fellrand wird mit der anderen Hand auf dem straffen Seilstrang Richtung Rahmen geschoben. Wenn sich der Fellrand nicht mehr weiter auf den Rahmen zuziehen lässt, klappt man das immer noch gestraffte Seil in Richtung Rahmen zurück; das Fell wird dadurch am Zurückschnellen gehindert, und das Schnurende kann um den Rahmen geschlungen werden, worauf es durch das nächste Loch gefädelt wird. So arbeitet man sich Länge um Länge weiter, bis das ganze Fell im Rahmen hängt (Foto Seite 32).

### Mit Seife

Beim Einweichen (jedoch nicht beim Waschen!) ist es nicht schlecht, eine milde Seife ohne scharfe Fettlöser, beispielsweise Kernseife, zu benutzen. Wenn die Seife parfümiert ist, schadet das nicht. Seifenwasser löst den Schmutz nicht nur besser, sondern in Seifenwasser weicht jede Haut auch schneller und besser auf.

Beim Einweichen wird das Fell von Steinen unter Wasser gehalten.

### Trocknen eines Fellschlauchs

Wenn das Fell vom Tier wie ein Schlauch abgezogen wurde, also keinen Längsschnitt an der Bauchseite hat (so werden üblicherweise kleine Tiere bis zu Lammgröße enthäutet), nutzt man den entstandenen Fellschlauch zum Trocknen. Die Haarseite bleibt nach innen gekrempelt, die Fleischseite zeigt dabei nach außen, auch an den Beinen.

Das Innere des umgekrempelten Fellschlauchs wird prall mit trockenem Stroh ausgestopft, damit die Haut sich nicht zusammenziehen kann und luftig trocknet. Statt Stroh eignet sich als Füllmaterial selbstverständlich auch Holzwolle oder Ähnliches.

Derartig konservierte Felle lassen sich sehr raumsparend trocknen, wenn sie zu mehreren an ein quer gespanntes Seil gehängt werden; so lässt sich auch ein Vorrat ansammeln, bis sich das Gerben in Hinsicht auf eine bestimmte Weiterverarbeitung der entstandenen Leder oder Felle lohnt.

## Das Einweichen und Waschen

Vor den weiteren Arbeiten zum Gerben wird das Fell in Wasser eingeweicht. Das ist bei konservierten Fellen notwendig, aber auch bei frisch abgezogenen erleichtert das Einweichen die folgenden Arbeiten, es ist jedoch in diesem Fall kein Muss.

Um den Bakterien die Nahrung zu entziehen, sollte das Fell, bevor es längere Zeit im Wasser liegt, von Blut und Schmutz befreit werden.

Das Einweichwasser sollte sauber und kühl (zwischen 10 und 20 °C) sein und möglichst sauerstoffarm. Warmes, sauerstoffreiches Wasser wäre der ideale Lebensraum für die gefürchteten Mikroorganismen, die dem Fell auch beim Aufweichen schon schaden können.

Der schädigende Sauerstoffgehalt wird unnötig erhöht, wenn beim Einbringen des Fells in das Wasser die Luft nicht aus dem Haarkleid gedrückt wird. Deshalb sollten alle Bläschen unter Wasser ausgedrückt werden. Ebenso darf das Fell nicht an der Wasseroberfläche schwimmen, weshalb es von sauberen Steinen beschwert unter Wasser gehalten wird.

Man wäscht das Fell also gleich beim ersten Wässern (wenn es eine sehr dicke, spröde Haut ist, sobald sie nicht mehr steif ist), spätestens aber nach den ersten zwölf Stunden des Einweichens, gründlich aus. In heißen Sommermonaten sollte sogar schon nach sechs Stunden gewaschen werden.

Die Haut sollte beim Waschen nicht übermäßig gestampft werden, da sonst wichtige Bestandteile, wie das Kollagen (Seite 9), mit ausgewaschen werden können. Es ist völlig ausreichend, das Fell zu bewegen, und ab und zu mit beiden Händen zu greifen, aus dem Wasser zu nehmen und zum Beispiel auf einem Lattenrost oder einer schiefen Ebene das braune Schmutzwasser auszudrücken und ablaufen zu lassen. Dies ist eine Arbeit, die sich im Freien am leichtesten verrichten lässt, zumal das „Schmutzwasser“ ein biologischer Gartendünger ist (sofern es sich nicht um gesalzene Häute handelt). Am Ende wird das Schmutzwasser ausgegossen, und man legt das Fell in die leere Wanne.

Das nächste Frischwasser wird am besten aus einem Eimer mit Schwung auf das Fell „geduscht“. So spült sich gleich wieder etwas Schmutz aus.

Beim Waschen wird ein Schaffell sehr schwer.

Der Wasserstand in der Wanne soll immer so hoch aufgefüllt werden, dass das Fell richtig darin schwimmt. Es lässt sich dann schön greifen, ohne viel Kraftaufwand unter Wasser drücken, rühren und bewegen, um – besonders aus dem Haarkleid – den Schmutz auszulösen. Kleine, dünn behaarte Felle lassen sich leicht drei- bis viermal aus dem Wasser heben und, nicht allzu fest, zurückfallen; das wäscht gut. Bei Schaffellen mit dichter Wolle wird dieses Ausheben aber schnell anstrengend, weil sie so viel Wasser aufsaugen, dass sie sehr schwer werden können (siehe auch Foto Seite 35). Trotzdem muss gerade diese dichte Wolle gut gespült werden.

## Mit Salz konservierte Felle

Salzig konservierte Felle werden nicht anders behandelt als getrocknete: Mit demselben Arbeitsaufwand werden sie geweicht, wobei das Wasser auch ihr Salz auslöst. Das Abwasser ist dann also salzhaltig und eignet sich daher nicht mehr als Gießwasser für den Garten. Hier muss die Kanalisation in Anspruch genommen werden, für die Kochsalz (in diesen vergleichsweise kleinen Mengen) kein Problem ist.

Legt man Bretter über die Wanne, lässt sich auch ein schweres Schaffell bequem ausdrücken.

Für diese Waschvorgänge ist kein Seifenwasser erforderlich; klares Wasser leistet beste Dienste und belastet in Freizeitgerbermengen nicht die Umwelt. Der Seifenzusatz gilt stets nur für das Einweichwasser oder für das letzte Wasser einer Spülserie, in dem das Fell wieder zwölf Stunden bleibt, bei sommerlichen Temperaturen, wie gesagt, nur sechs Stunden.

Eingebracht wird der Seifenzusatz am leichtesten flüssig oder indem man sich im Einweichwasser zum Beispiel mit Kernseife dreimal gründlich die Hände wäscht.

Nach dem ersten Waschen, für das fünf Wasserwechsel auch dann ausreichen sollten, wenn sich das frisch zugeleitete Wasser wieder trübt, genügt es, das Fell bei jedem der folgenden zwölf(sechs-)stündigen Wasserwechsel in fünf weiteren Gängen zu spülen. So wird es nach einigen Spülgängen schneller sauber als durchgeweicht sein, und es liegt die letzten Male in klarem, sauberem Wasser, wieder von sauberen Steinen beschwert, wieder zwölf oder sechs Stunden bis zum nächsten Waschgang oder bis zum Weiterverarbeiten.

So ist der Zeitaufwand nicht allzu erheblich, rechnet man für das Einweichen morgens und abends eine halbe bis maximal eine Stunde. Die Gesamteinweichzeit dauert für getrocknete Felle etwa zwei Tage; sie sollte aber auch bei sehr dicken, hart getrockneten Häuten dreieinhalb Tage nicht überschreiten, da nach längerer Zeit auch bei oftmaligem Wasserwechsel die Bakterienarbeit nicht mehr aufzuhalten ist, die mit der Zeit das Hautgefüge bis zum Zerfall auflöst.

Noch ein Wort zur Wasserqualität: Wer die Möglichkeit hat, sollte sich eines weichen Wassers bedienen, das also wenig Härtegrade hat. Die Härtegrade, die sich regional unterscheiden, können beim zuständigen Wasserwerk erfragt werden. Sie geben die Mengen bestimmter Mineralien an, die pro Liter Wasser gelöst sind. Weiches Wasser hat kleine Zahlenwerte bei den Härtegraden. Das Einweichwasser muss nicht unbedingt Trinkwasser sein; im Gegenteil, am besten eignet sich das Wasser eines ruhigen Sees, der aus dem Boden nicht viel Mineralien auswaschen kann. Seewasser ist daher in der Regel sehr weich. Doch wer hat schon einen See zur Verfügung?

Mit Regenwasser kann durchaus auch ein Versuch gewagt werden. Hier lässt sich aufgrund der unvorhersehbaren Luftverunreinigungen, die sich im Regen niederschlagen, nichts über den Wassercharakter voraussagen, also auch nicht, wie gut es sich als Einweichwasser eignet. Auf alle Fälle ist es aber kein hartes Wasser und daher zunächst geeignet.

Sehr hartes Wasser ist aber noch kein Grund zur Verzweiflung. In hartem Wasser können die Häute allerdings aufquellen, was ein unerwünschter Effekt ist, der sich aber erst nach einiger Einweichzeit einstellt, je nach Härtegrad. Unerwünscht dabei ist, dass die aufgequollenen Häute leicht ihr Kollagen verlieren können. Sie bekommen dann einen glitschigen, schwammigen „Griff“; man spürt regelrecht die aus der Haut ausgelöste Gelatine. Dieser Effekt kann bei allzu langen Einweichzeiten übrigens in jedem Wasser auftreten, in hartem nur viel schneller.

Wie geht man bei hartem Wasser also vor? Ganz einfach: Man kontrolliert alle zwölf bzw. sechs Stunden den „Griff“ der Haut, wie sie sich anfühlt. Sobald sie einen glitschigen Griff bekommt, muss das Einweichen schnellstens beendet werden (das gilt auch in weichem Wasser). Besser ist natürlich, diesen glitschigen Griff nicht erst abzuwarten, denn er bedeutet stets einen Verlust an gallertigen Hautinhaltsstoffen, also einen Verlust an späterer Lederqualität.

Wer öfter gerbt und einweicht, lernt schnell „sein“ Wasser kennen und findet so den richtigen Zeitpunkt für das Ende des Einweichens. Sollten bis dahin ein paar Felle „Federn lassen“, ist das kein Grund zu Ärger; es gehört nunmal dazu, Lehrgeld zu zahlen und Erfahrungen zu machen.

Im Idealfall, der gar nicht so schwer zu erreichen ist, wie es klingt, ist die Haut nach zwei bis drei Tagen, je nach Dicke und Trockenzustand, auf der Fleischseite weiß und lässt sich wieder geschmeidig in alle Richtungen ziehen, als wäre sie frisch.

Soll gleich eine frische Haut verarbeitet werden, die also weder getrocknet noch gesalzen war, reicht es vollkommen, sie nach gründlichem Waschen 12 bis 24 Stunden einzuweichen. Die darauf folgenden Arbeiten des Entfleischens und gegebenenfalls des Enthaarens fallen dann leichter. Allgemein gilt die Regel: Je kürzer eine Haut eingeweicht werden kann, desto besser.

# Das Entfleischen

Die Unterhaut (Seite 7) ist nicht gerbbar. Deshalb wird sie mitsamt anhängenden Gewebsteilen, Fett und Sehnen vor dem Gerben entfernt. Man spricht vom Entfleischen der Lederhaut.

Für die Arbeit des Entfleischens lohnt es sich, auch die frische Haut über Nacht einzuweichen. Durch die dabei entstehende Quellung lockert sich das Hautgefüge auf, und das Entfleischen geht leicht von der Hand.

Die Haut muss dabei am besten nass, zumindest aber feucht sein. Bei sommerlichen Temperaturen trocknet sie vielleicht dem einen oder anderen unter den Fingern, während er entfleischt. In der Haut trocknet damit auch das Kollagen und verbindet mit hoher Klebkraft die einzelnen Hautfasern und -schichten. Das Entfleischen geht dann entweder gar nicht mehr oder nur noch schlecht vonstatten. Beim gewaltsamen Entfleischen können in der getrockneten Haut aber schnell Schnitte und Risse entstehen. Darum sollte viel Mühe darauf verwendet werden, die Haut schneller zu entfleischen, als sie trocknet. Sollte sie aber dennoch trocknen, ist auch nicht das Schlimmste passiert: zurück mit ihr in den Eimer und wieder aufweichen.

Einfacher Gerberbaum aus einem gespaltenen Stück Stammholz.

## Der Gerberbaum

Um das Fell optimal handhaben zu können, bedarf es einer einfachen und unübertrefflichen Arbeitsunterlage, des Gerberbaums. Der Gerberbaum ist ursprünglich ein Stück Stammholz, rund oder zum Halbrund gespalten; wenn er auf der Unterseite flach, also zum Halbrund gespalten ist, kann er nicht wegrollen. Die Oberseite behält die natürliche Stammrundung.

Moderner und komfortabler ist ein Kantholz, über das man ein längs halbiertes Abwasserrohr aus Kunststoff, vielleicht 1,2 m lang, laufen lässt, die Wölbung nach oben. Das garantiert eine einwandfrei glatte Arbeitsoberfläche, die sehr wichtig ist, wie sich im Folgenden zeigen wird.

Des Weiteren steht diese gewölbte Werkbank nicht waagerecht vor dem Arbeiter, sondern mit dem ihm zugewandten Ende in Hantierhöhe, während das gegenüberliegende Ende, das Fußstück, direkt auf dem Boden steht. So fließt ausgedrücktes Wasser nicht auf den Arbeiter, und die Abfälle lassen sich leicht herunterschieben.

Um dieser schiefen Unterlage die richtige Steigung zu verleihen, sollte der Gerberbaum etwa 1,5 m lang sein. Die Kopfseite wird auf großen Steinen oder auf einem angefertigten Gestell aufgebockt.

Der Clou des Gerberbaums ist seine gewölbte Oberfläche, die es ermöglicht, die aufgelegte Haut mit einer breiten Klinge, die von beiden Händen geführt wird, auf genauen Bahnen zu bearbeiten. Ein Durchmesser von 20 cm ermöglicht ein bequemes Entfleischen.

Die nasse, glatt aufgelegte Haut bewirkt durch ihr Eigengewicht einen Zug nach unten. Gegen diesen Zug strafft sie sich, es bilden sich also keine Wellen, wenn das zu bearbeitende Stück zum Gerber hin nach oben gezogen wird.

Was besonders wichtig ist: Das Fußstück muss sicher gegen Verrutschen verankert oder gegen eine Mauer gestützt werden. Der Gerberbaum hat dann einen Widerstand, sodass sich der Arbeiter beim Entfleischen dagegen lehnen kann.

Zwischen sich und dem Baum klemmt er das Fell fest; gearbeitet wird von oben nach unten, und durch das Zusammenspiel von Klemmwirkung und Arbeitsbewegung wird die Haut automatisch gestrafft. Das Straffen ist ein wesentlicher Punkt bei der Baumarbeit, denn durch jedes Hindernis, das die Haut der Klinge entgegensetzt, kann ein Loch entstehen, gleich, ob es dabei um eine geworfene Falte oder um Unebenheiten in der Unterlage geht. Aus diesem Grunde muss die Oberfläche des Gerberbaumes entrindet und glatt sein, Scharten und Äste müssen ausgeglichen werden.

Der professionelle Gerber arbeitet mit dem Scherdegen. Jedes andere scharfe Messer tut es natürlich auch. Die Klinge muss aber in jedem Fall scharf sein, je schärfer, desto besser. Gerade deshalb ist es ein unbedingtes Muss, auf eine glatte, ebene Arbeitsunterlage zu achten. Die Haut muss glatt aufliegen wie ein frisch aufgezogenes Bettlaken, denn sobald sich der scharfen Klinge, die über die nasse Haut läuft, eine Unebenheit in den Weg stellt, ist ein Loch ins Leder geschnitten.

Beim Entfleischen größerer Häute wird die Klinge immer wieder stumpf werden. Um sich nicht unnötig plagen zu müssen, lohnt es sich, sie sofort wieder anzuschärfen oder gleich mehrere zum Auswechseln bereit zu legen.

Das wesentliche Merkmal des Scherdegens ist, dass er beidhändig geführt wird. Er sollte links und rechts dafür Griffe haben, die mit der Klinge in derselben Ebene liegen, also nicht irgendwie abgewinkelt sind. Selbstverständlich sind solche Klingen im Handel erhältlich, aber nicht jeder will gleich teures Werkzeug kaufen. Im Falle des Freizeitgerbens ist das auch nicht sofort nötig. Um jedes Ende einer dafür brauchbaren Klinge kann ein Tuch gewickelt werden – das genügt schon. Erst wer Großviehhäute, und gleich mehrere hintereinander, bearbeitet, kommt nicht ohne gekauftes Werkzeug aus.

### Vorsicht bei Fellen!

Beim Entfleischen von behaarten Fellen muss besonders aufgepasst werden. Während „nackte“ Häute beim glatten Auflegen auf eine Unterlage keine Schwierigkeiten machen, kann es bei behaarten Fellen leicht vorkommen, dass stellenweise Haarknäuel eine Beule in der Haut bilden. Der scharfe Scherdegen schneidet dort sofort ein Loch.

## Die Arbeit am Gerberbaum

Die Haut wird, Haar- bzw. Narbenseite nach unten, auf den Gerberbaum gelegt. Abgetrennt wird die Unterhaut, indem man die Klinge wie die eines Hobels zur Schneidrichtung anwinkelt (Foto Seite 5). Beim Schneiden muss ein gewisser Druck auf die Haut ausgeübt werden. Das Gefühl, wie viel davon nötig ist, ab wann er zu schwach oder zu stark und damit schädlich ist, trainiert man lieber am Rand der Haut, wo Einschnitte nicht zu sehr entwerten.

Vor allem muss darauf geachtet werden, dass die Klinge nicht gezogen wird, wie man ein Messer über einen Brotlaib zieht, denn dabei erzielt man garantiert Löcher. Hier macht am Ende nur Übung den Meister, aber nach zwei, drei Häuten passieren beim gewissenhaften Arbeiten gewöhnlich kaum noch Einschnitte.

Abgetrennt werden soll nur die Unterhaut, die Lederhaut muss unverletzt bleiben. Man erkennt die Unterhautgrenze daran, dass plötzlich das labberige, mit Fett durchsetzte Gewebe in die feste Lederhautschicht übergeht.

Am Ende dieses Arbeitsabschnittes liegt die Lederhaut sauber, glatt und weiß da. Wenn hier und da noch ein hartnäckiges Sehnenbändchen hängen geblieben ist, macht das nichts. Das verschwindet beim mechanischen Weichmachen oder jedem anderen Abreiben des trockenen Leders von selbst.

Beim Entfleischen wird die Haut zwischen Arbeiter und Gerberbaum eingeklemmt. Deutlich sieht man die rote, fettige Unterhaut, die entfernt wird. Die Lederhaut ist glatt und weiß. Als Scherdegen dient hier eine Ziehklinge aus der Holzbearbeitung, die in Baumärkten erhältlich ist.

## Entfleischen ohne Gerberbaum

Wer keinen Gerberbaum hat, kann sein Fell ersatzweise auch auf einem Tisch ausgebreitet bearbeiten. Die Klinge kann hier aber nicht beidhändig geführt werden, da der Tisch ja keine Wölbung hat. Die Hände würden auf dem Fell aufsitzen, und die Klinge müsste auf ganzer Breite über die Haut laufen, was anstrengender und ungenauer wäre als die exakten Bahnen, die sie über dem Baum fährt.

Für die Fellzurichtung auf einer planen Tischplatte muss daher ein Einhandschaber hergestellt werden. Dieser gleicht im Wesentlichen einem meißelartigen Werkzeug, dessen Schnittfläche scharf, so breit wie möglich und rund sein muss. Wie wichtig dabei die abgerundete Schnittkante ist, kann nicht überbetont werden. Jede etwaige Ecke risse schon nach den ersten Zentimetern Löcher in die Haut.

Diesen Schaber kann sich jeder Heimwerker selbst herstellen: Der einfachste und sehr bewährte Typ ist ein möglichst breitflächiger Stahlstab, zum Beispiel eine alte Feile, die an der Schnittkante halbrund zurechtgeschnitten und dann wie ein Stechbeitel angeschärft wird. Je breiter dieser Stahlstab an der Schnittkante ist, desto besser; seine Länge sollte bis zum Griff etwa 10 cm betragen.

Bei der Arbeit wird der Schaber einhändig geführt. Die andere Hand stützt sich so auf das Fell, dass es durch die Schabbewegung nicht wegrutschen oder Falten werfen kann. Weiterhin gilt hier das Gleiche wie für die Arbeit mit der zweihändigen Klinge am Baum: Die Schneide darf nicht quer gezogen, sondern nur wie ein Hobel vorwärts geschoben werden, wobei der Winkel, den der Schaber zum Tisch beschreibt, etwa 60° betragen soll. Wichtig ist auch in diesem Fall, dass die Haut glatt und ohne Falten daliegt.

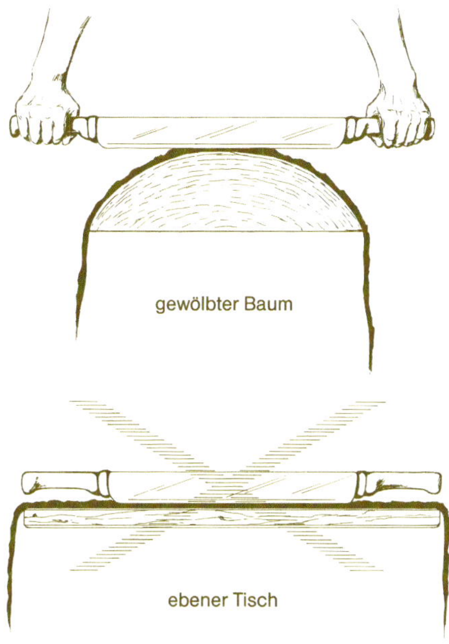


Die beidhändig bediente Klinge eignet sich nur für die Arbeit auf gewölbten Flächen.

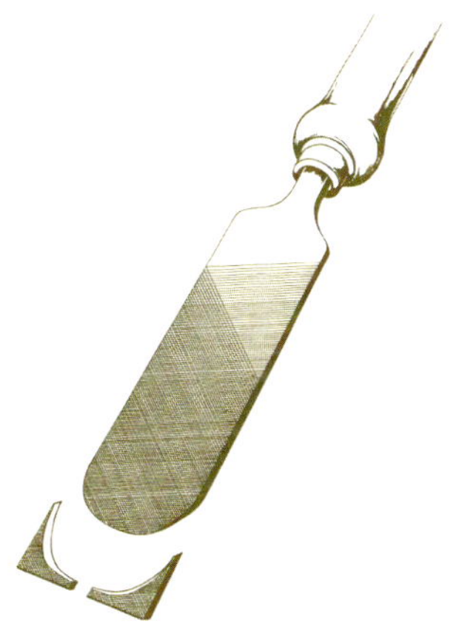

Von der Feile zum Einhandschaber.

# Das Kalkäschern

Die gerbenden Substanzen ziehen nicht ohne Weiteres in die Haut ein. Um ihnen den Weg durch das dichte Gefüge der Fasern und anderer Hautbestandteile zu erleichtern, muss deren Struktur aufgeschlossen werden.

## Äschern mit Asche

Ein Schritt in diese Richtung ist das besprochene Einweichen in Wasser, weshalb es auch für frisch abgezogene Felle empfohlen wird. Für viele Gerbungen, wie die Glacé-, die pflanzliche oder die Fettgerbung, reicht aber das alleinige Einweichen nicht aus. Hier muss die Haut noch weiter aufgelockert werden.

Der erste Arbeitsgang dazu heißt Äschern oder Kalkäschern. Wie zu erkennen, steckt in „Äschern“ das Wort „Asche“. Tatsächlich beruht die ursprüngliche Form des Hautaufschlusses auf der Verwendung von Holzasche: Sie lockert, mit Wasser zu einem dünnen Brei angerührt, das Hautfasergefüge auf.

Die Haut wird beim Aufschluss empfindlich gegen mechanische Beanspruchung jeder Art. Daher sollte die Asche unbedingt frei von scharfkantigen Gegenständen sein, die um so gefährlicher werden, je kleiner und unsichtbarer sie sich in der Asche verstecken können. Daher ist es sinnvoll, die abgekühlte Asche vor Benutzung zu sieben. Dazu eignet sich ein haushaltsübliches Küchensieb von möglichst großem Durchmesser.

Die fein gesiebte Asche kann zusätzlich als sehr gutes „Spülmittel“ benutzt werden, mit dem sich Ruß und Fett von Töpfen und Geschirr lösen lässt. Aber Vorsicht: Wie alle konzentrierten Lösungsmittel ist auch der Aschebrei hautreizend und sollte unbedingt nach Gebrauch mit klarem Wasser abgespült werden.

Die Handhabung ist für die Lederherstellung einfach. Direkt nach dem Einweichen kommt das Fell in ein Gefäß, in dem der Aschebrei bereits angerührt ist. Hierin verbleibt es eine Woche oder beliebig länger (solange die Haut in der Asche bleibt, ist sie praktisch konserviert).

Danach ist die Haut so weit aufgeschlossen, dass die Haare in der Regel von selbst ausgehen, was das Enthaaren sehr erleichtert. Der Nachteil: Heutzutage fällt nicht in jedem Haushalt täglich Asche an. Der Versuch, diese zu besorgen, wird in vielen Fällen scheitern. Aber es geht auch anders.

In der modernen Gerberei bedient man sich, auch aus oben genanntem Grunde, statt der Holzasche praktisch ausnahmslos des, allerdings nicht ganz unproblematischen, gelöschten Kalkes. Der alte Begriff des Äscherns wurde in die Moderne übernommen und mit dem Wort „Kalk“ zum Kalkäschern erweitert.

## Äschern mit Kalk

Wer sich für einen Hautaufschluss mit Kalkäschern entscheidet, muss darüber Folgendes wissen: Es wird mit gelöschtem Kalk gearbeitet. Dieser wird beispielsweise im Baugewerbe alltäglich verwendet und ist daher in entsprechenden Geschäften für wenig Geld erhältlich. Trotzdem ist der Umgang nicht ungefährlich. Sowohl das Kalkpulver, wie es aus dem Sack genommen wird, als auch die mit Wasser angerührte Kalkmasse sind ätzend.

Nach den Arbeiten kann der entwässerte Kalk gefahrlos als Bauschutt deponiert werden. Zum Entwässern bieten sich entweder langfristiges Eintrocknen oder Abfiltern an. Gewöhnlicher Bausand eignet sich schon als Filter. Er wird entweder trichterförmig aufgeschippt oder in einen Eimer gefüllt, dessen Boden und Seitenwände bis zur Sandoberfläche fein durchlöchert sind.

Man lässt die Kalkbrühe durch den Sand laufen, wobei das Wasser versickert, der Kalk aber auf dem Sand zurückbleibt. Wegen ihrer ätzenden Wirkung sollte die Kalkbrühe nicht in lebenden Boden geschüttet werden.

## Warnhinweis

Das Einatmen des Kalkstaubes sowie Kalkspritzer auf die Haut, in Mund, Nase und Augen sollten ebenso vermieden werden, wie das Arbeiten mit ungeschützten Händen (Gummihandschuhe tragen). Sollten trotz aller Vorsicht doch Haut oder Augen mit Kalk in Berührung kommen, muss sofort mit Wasser abgespült werden, gegebenenfalls Augenarzt aufsuchen. Die Kalkgefäße müssen so aufgestellt werden, dass Kinder und Tiere nicht in die Kalkgefäße fallen oder sie umwerfen können.

Prinzipiell gleicht das Kalkäschern (oder kurz Kälken) dem alten Äschern. Es vollzieht sich in einem Gefäß, das groß genug sein sollte, um das zu kälkende Fell bequem aufzunehmen, sodass es noch etwas darin bewegt werden kann. Das Fell (oder auch mehrere) sollte völlig untertauchen können. In diesem Ge-

Die Haut auf dem Gerberbaum ist entfleischt und im Eimer wird der Kalkäscher angerührt.

## Tipp zum Mildern

Um von vorneherein einen milderen Kalkäscher zu haben, lässt man den frisch angerührten Kalk künstlich altern, indem man ihn mit ein paar Spritzern Ammoniak aus der Apotheke anreichert und diese mit verrührt.

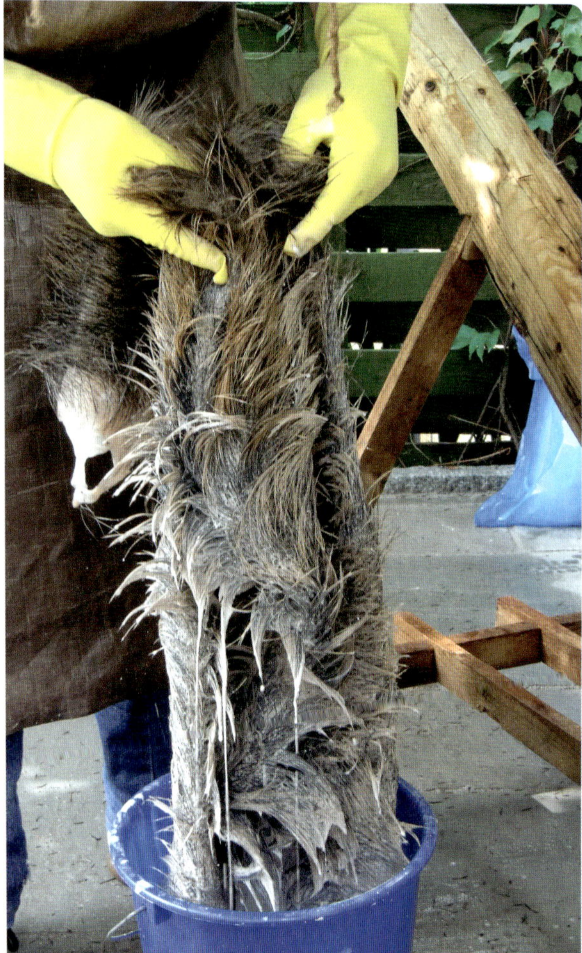

Bevor das Fell im Kalkäscher verbleibt, wird es mehrmals eingetaucht und wieder herausgezogen, bis es vollständig benetzt ist. Hier sind oben noch einige trockene Haare sichtbar. Die bereits benetzten darunter sind nicht mehr zu erkennen.

fäß wird das Kalkpulver, noch bevor das Fell dazu kommt, mit Wasser zu einem milchigen bis dickmilchigen Brei angerührt.

Für ein Ziegen- oder Rehfell beispielsweise sollte eine Wanne von mindestens 50 l Fassungsvermögen mit 30 bis 40 l Wasser und etwa 400 bis 600 g Kalkpulver gefüllt werden.

Damit sich der Kalk im Wasser gleichmäßig verteilt und nicht auf den Boden absinkt oder verklumpt, muss er mindestens eine Viertelstunde lang langsam verrührt werden. Vorsicht dabei vor Spritzern!

Der frisch angerührte Kalkäscher ist sehr scharf. Ältere, in denen schon mehrere Felle gelegen haben, sind sanfter und eignen sich für den Hautaufschluss besser. Der Grund für die langsam eintretende Milde ist der Ammoniak, der sich bildet, wenn organische Materialien mit Kalk zusammenkommen.

Das Fell kann direkt, nachdem der Kalkäscher angerührt ist, eingebracht werden. Der gleichmäßigen Benetzung beider Fellseiten gilt dabei die besondere Aufmerksamkeit. Mit der Haarseite nach oben wird das Fell flach auf die Oberfläche des Kalkäschers gelegt; im Fall von zu kleinflächigen Gefäßen lässt man zunächst die Seiten des Fells über den Gefäßrand heraushängen und bringt sie Schritt für Schritt hinterher, nachdem das Hauptteil in die Kalkmasse eingestoßen worden ist. Wo mehrere Lagen Fell im Gefäß übereinander liegen, muss besonders darauf geachtet werden, dass alle Stellen benetzt sind. Dann wird das Fell gleichmäßig und ohne Luftblasen untergestoßen. Sowohl unter der Fleischseite als auch im Haarkleid sollen keine Lufteinschlüsse vorkommen.

Im Kalkäscher bleibt das Fell, je nach Dicke der Haut, zwischen zwei und fünf Tagen. Fertig gekälkt ist es, wenn die Haare überall gleichmäßig leicht ausgehen. Im Gegensatz zum Bad im Aschebrei sollten die Felle im Kalkbad nicht länger als bis zur Haarlässigkeit bleiben.

Sobald sie haarlässig geworden sind, hängt man die Felle zum Abtropfen über ein schmales Kantholz so über dem Kalkgefäß auf, dass die Flüssigkeit dort hinein zurücktropft. Dieses unter der Fellmitte durchgeschobene Kantholz ist auch ein sehr geeigneter Griff, mit dem das kalkige, schwere Fell von einer oder zwei Personen getragen werden kann.

Das Aufhängen des Fells erleichtert auch den Zeitplan zu gestalten, denn falls nicht sofort nach dem Kälken weitergearbeitet werden kann, lässt man es einfach so hängen. Im gekälkten Zustand ist es, solange der Kalk feucht ist, praktisch ohne Gefahr von Fäulnis oder tierischem Zugriff ein paar Tage haltbar. In dem Moment, wo der Kalk aber trocknet, wird er zu wirkungslosem Bauschutt, und die Haut kann schimmeln und von Maden befallen werden.

Solange der Kalk an der Haut flüssig ist, lässt er sich wesentlich leichter entfernen als im getrockneten Zustand. Ist das kalkige Fell getrocknet, muss es vor dem Ausspülen erst einmal über Nacht eingeweicht werden.

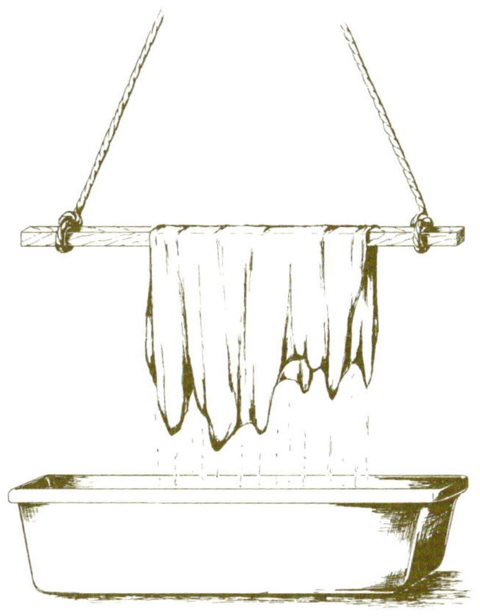

Das Fell hängt man über die Wanne, damit die abtropfende Flüssigkeit aufgefangen werden kann.

## Der Hautaufschluss für Felle

Während das Bad im Kalkäscher neben dem Hautaufschluss auch eine Vorarbeit zum Enthaaren, also zum Herstellen von Leder ist, gibt es auch eine Variante, bei der die Haare geschont und im Leder erhalten bleiben – der Aufschluss für die Fellgerbung. Der wesentliche Unterschied besteht darin, den Kalkbrei, der von gleicher Zubereitung sein soll wie der für das Bad, nur einseitig auf der Fleischseite aufzutragen.

Nach dem Auftragen muss der Entwicklung des Fells höchste Aufmerksamkeit geschenkt werden; zu schnell kann von der Fleischseite her der Aufschluss durch die gesamte Haut wirken und die Haare fallen trotzdem aus.

Kleine, dünne Häute, wie die von Kaninchen, sollten zur Fellgerbung überhaupt keinen Hautaufschluss erfahren. Das Risiko wäre höher als der Nutzen. Hier besteht neben der Möglichkeit, eine Gerbung zu wählen, die ohne Hautaufschluss auskommt, noch die, mit viel Fleiß die gerbende Substanz durch das dichte Fasergefüge zu arbeiten. Die geringe Stärke der Haut lässt das zu.

### Was tun bei Haarlässigkeit?

Spätestens wenn in den Flanken des Fells die ersten Haare ausgehen, ist es allerhöchste Zeit, den Prozess zu stoppen. Manchmal ist es aber dann schon zu spät, weil ein Teil des Kalkes in der Haut weiterwirkt, und die Felle werden noch bei der Gerbung haarlässig. Sollte das passieren, nicht verzagen! Jedes Fell, das beim Äscheraufstrich haarlässig wird, kann noch bestes Leder werden.

Alle größeren Häute werden der Äscherwirkung, je nach Dicke und Raumtemperatur, zwischen 30 Minuten und 3 Stunden ausgesetzt, wobei dickere Häute, besonders bei niedrigen Temperaturen, die längeren Wirkzeiten brauchen.

Das Fell wird dazu – falls vorhanden – in den Rahmen gespannt und waagerecht gestellt oder auf eine ebene Unterlage gelegt. Mit einem gewöhnlichen Malerpinsel trägt man den Äscher etwa 2 bis 5 mm dick auf, je nachdem, wie zäh er ist (Seite 31).

Man lässt die Haare auch gezielt so ausgehen, wenn es sich um besonders wertvolle Wolle handelt, der das Bad im Äscher auch schaden kann. In diesem Fall wird der Kalkbrei zünftig aufgetragen, und die Wirkzeiten entsprechen dann denen des Kalkbades – die Haare sollen ja ausgehen.

## Nach dem Äschern

So hilfreich der Äscherkalk beim Hautaufschluss und der Haarlockerung ist, so sehr stört er bei der Gerbung. Also muss der Äscherkalk wieder gründlich beseitigt werden.

Zunächst wird das Fell in Wasser gewaschen. Dieses Waschen unterscheidet sich von dem beim Einweichen des Fells in zwei Punkten: Erstens ist jetzt größere Behutsamkeit gefordert, denn aus der aufgelockerten Haut lässt sich noch leichter die Gelatine ausspülen als aus der frischen.

Zweitens darf das Waschen weder durch lange Einweichpausen unterbrochen noch zu lange fortgesetzt werden. Bei aller Behutsamkeit (kein Stampfen, Schleudern und dergleichen) soll es nicht länger als eine Stunde, besser nur eine halbe dauern. Man beendet den Vorgang, sobald sich kein trübender Kalk mehr ausspülen lässt, also klares Wasser aus der Haut tropft. Die geäscherten Häute sind allerdings so tief mit Kalk durchsetzt, dass dieser sich nicht völlig ausspülen lässt.

Anschließend folgt für die Lederherstellung der Arbeitsschritt der Beize, wobei der Kalk durch chemische Prozesse unschädlich gemacht wird. Für die Fellgerbung muss die Beize wegfallen, da sie weiterhin auflockernde Eigenschaft hat und spätestens dabei alle Haare ausgehen würden. Da hier nicht so intensiv geäschert worden ist, lässt sich der Kalk auch besser ausspülen. Im Zweifelsfall sollte der „Gerberlehrling" bei seinen ersten Fellgerbungen vom Kalk absehen und für seine ersten Erfahrungen Gerbungen wählen, die ohne diesen Hautaufschluss auskommen.

## Hinweise für Weißgerber

Wenn nach vorangegangenem Kalkäscher ein weißes Leder hergestellt werden soll, muss der Kalk besonders gut ausgewaschen werden. Bei der Weißgerberei kommt es diesbezüglich auch auf die Vorgehensweise an. Der Kalk reagiert nämlich mit dem $CO_2$ des Wassers und wird dabei grau. Man sieht diesen grauen Belag auf der Oberfläche des Kalkäscherbades, wenn es ein paar Tage ruhig gestanden hat.

Dasselbe passiert mit dem Kalk auch in der Haut. Bei dunkel gefärbten Ledern sind davon keine Spuren zu erkennen. Weiße Leder aber zeigen graue Flecken, die aussehen, als sei mit ihnen Staubgewischt worden.

Um das zu verhindern, gibt man etwas Kalkäscher in das frische Spülwasser, bevor die Haut eingebracht wird, damit das wenige im Wasser enthaltene $CO_2$ mit diesem Kalk bereits gesättigt ist und in der Haut keine Reaktionen mehr stattfinden können. So wird mit jedem neuen Spülgang verfahren. Selbstverständlich darf die Haut zwischen zwei Spülungen nicht an der Luft hängen, damit nicht das $CO_2$ der Luft mit dem Kalk reagiert.

## Das Enthaaren für die Lederbereitung

Sobald die Entwicklung im Äscherbad oder im Äscheraufstrich so weit fortgeschritten ist, dass die Haare so leicht aus der Haut gehen, als wären sie nur angedrückt, ist der Hautaufschluss beendet. Die Felle aus dem Kalkbad lässt man über dem Kantholz aufgehängt abtropfen; nur auf der Fleischseite aufgetragener Kalk wird mit einem Spatel abgeschabt.

Da die Haare jetzt locker sind und bei gröberen Berührungen ausgehen, empfiehlt es sich, die Haut sofort zu enthaaren, noch bevor sie gewaschen wird. So muss beim Spülen der Kalk wirklich nur aus der Haut und nicht auch noch aus den Haaren gewaschen werden. Dieses Vorgehen bedeutet nicht nur weniger Arbeit, sondern auch ein geringeres Risiko, die wertvolle Gelatine aus der jetzt empfindlichen Haut auszuwaschen.

### Schutzkleidung beim Enthaaren

Zum Schutz vor dem ätzenden Kalk benötigt man beim Enthaaren neben Gummihandschuhen auch eine Schürze, die am besten aus Gummi, auf alle Fälle aber abwaschbar und wasserdicht sein sollte.

Gearbeitet wird beim Enthaaren, wie beim Entfleischen schon beschrieben, am besten auf dem Gerberbaum. Die Klinge (oder das Enthaareisen) richtet sich in ihrer Beschaffenheit nach der Haut und nach dem zu erzielenden Leder. Bei besonders dünnen und empfindlichen Häuten, wie bei kleinen Tieren und Jungtieren bis Zickelgröße, ist es ratsam, mit einer stumpfen Klinge zu arbeiten, die die Haare nur wegschiebt. Geeignet ist dafür jedes beliebige Flacheisen, eine saubere Holzkante oder Ähnliches.

Für dickere Häute von größeren Tieren sollte die Klinge aber scharf sein. Nicht etwa, weil bei dickeren Häuten die Haare schlechter ausgingen; aber bei dickeren Häuten sollte gleichzeitig mit dem Entfernen der Haare die oberste Hautschicht, die Oberhaut oder auch Epidermis, abgeschabt werden. Eine dicke Haut ist bei dieser Arbeit nicht so einschnittgefährdet wie eine dünne.

Bei einer dicken Haut ist die nicht gerbbare Oberhautschicht ein Störfaktor, zumal die natürliche Dicke der Lederhaut allein schon genug Anforderungen an den Gerber stellt. Als scharfe Klinge ist hier zum Beispiel ein langes Messer geeignet, um dessen Spitze anstelle des zweiten Griffs wieder ein Tuch gewickelt ist.

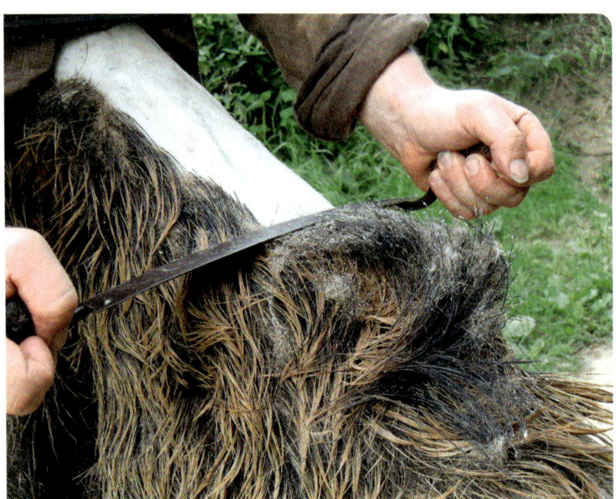

Ein Fell wird am Gerberbaum enthaart. Bei diesem Vorgang darf das Enthaareisen stumpf sein.

### Wohin mit den Haaren?

Wer auch die gekalkten Haare nutzen möchte, kann sie in einem gesonderten Waschgang reinigen. Ansonsten ist der einfachste Weg, sofern es sich um kleine Mengen handelt, sie mitsamt dem anhaftenden Kalk wegzuwerfen oder wie Bauschutt zu deponieren.

## Das Verfahren

Das Fell wird, Fleischseite nach unten und Schwanzteil Richtung Boden, so über den Gerberbaum gelegt, dass der Rücken auf den Baum zu liegen kommt und die Flanken links und rechts herabhängen. Der Gerber sitzt oder steht, je nach Beschaffenheit des Baumes, vor diesem, das Fell zwischen seine Hüfte oder Brust und den Baum geklemmt, und schiebt mit nur leichtem Druck sein Werkzeug wie einen Schneeschieber über die Haut Richtung Schwanzteil.

Auch mit der stumpfen Klinge soll nicht zu hart aufgedrückt werden, denn die gekälkte Haut ist sehr verletzlich.

Die Arbeit mit der scharfen Klinge ähnelt dem Nassrasieren; besonders vorsehen muss man sich, die scharfe Klinge immer quer zur Bewegung zu halten und sie niemals längs zu ziehen, wie man mit einem Messer Brotscheiben schneidet. Sofort wären Löcher in die Haut geschnitten. Um die Epidermis mit abzuschaben, muss aber nicht tief in das Leder geschnitten werden.

Die Epidermis ist die hauchdünne, dunklere Schicht. Sobald sich eine weiße Schicht zeigt, ist die Lederhaut freigelegt. So wird die Haut streifenweise enthaart. Kurze Häute können mit einer Armlänge von Kopf bis Schwanz erreicht werden, sodass die Enthaarung in einfachen Streifen von der Mitte nach rechts und links vor sich geht, während längere Häute in zwei Etappen von rechts nach links enthaart werden. Wenn die Haut dann „nackt" ist, wird sie gewaschen und gespült.

Wer kleine, zarte Häute enthaart und (nicht zu Unrecht) befürchtet, selbst eine stumpfe Metallklinge könnte die feine Haut beschädigen, sei hier nochmals auf die Möglichkeit verwiesen, stattdessen eine einfache Holzlatte oder ein Kantholz als Werkzeug zu benutzen. Die Haare müssen bei kleinen Häuten, wie gesagt, lediglich von der Haut heruntergeschoben werden, als wären sie nur angedrückt; das Holz wird dabei wie eine Art „Schneeschieber" eingesetzt – praktisch ohne Gefahr, die empfindlich Blöße zu verletzen!

# Das Beizen

Das Beizen ist ein wichtiger Arbeitsschritt, der im krassen Gegensatz zu allem bisher Beschriebenen zu stehen scheint: Während direkt nach dem Abziehen der Haut vor den gefürchteten Mikroorganismen gewarnt wird, die das Fell in kurzer Zeit verwesen lassen, sind beim Beizen diese die erwünschten Mitarbeiter.

Um ein anschauliches Bild zu vermitteln, wie man sich das Beizen und seine Wirkung im Ablauf der Gerbung vorstellen kann, ist der Vergleich mit Brotbacken hilfreich: Weil ein zu trockener Teig nicht aufgeht und ein zu nasser zum Backen ungeeignet ist, muss ein Mittelwert geschaffen werden. Entsprechend soll die Haut durch das Einbringen in den Kalkäscher – wie der Teig durch das Zumengen von Wasser – in einen elastischen, formbaren Zustand gebracht werden; erst diese nachgiebige Masse kann durch ein Triebmittel zum Aufgehen gebracht werden, und was die Hefe für das Brot ist, ist die Beize für die Haut. Tatsächlich werden auch hier hefeähnliche Lebewesen aktiv.

## Herstellung einer Beize

Die Zubereitung erfolgt einige Tage bevor die Beize gebraucht wird. Wie viel Beize man herstellen sollte, hängt von dem verwendeten Gefäß ab. Weil die zu beizende Haut vollständig von der breiigen Flüssigkeit bedeckt werden muss, sollte das Gefäß mit ausreichend Wasser befüllt werden, damit sie ganz darin versinken kann.

Auf jeden Liter Wasser kommt nun etwa 1 kg Kleie. Die Kleie muss durch kurzes Spülen mit Wasser von anhaftenden Mehlresten befreit werden. Darauf wird sie in einem 20-l-Eimer mit Wasser, das etwa 60 °C warm sein soll, übergossen und zu einem dicken Breit verrührt. Diesem gibt man noch zwei bis drei Teelöffel Zucker hinzu und lässt das Ganze zwei bis drei Tage lang zugedeckt warm stehen.

Der Kleienbrei ist nach drei Tagen Wärme aufgegangen wie ein Hefekuchen, mitunter sogar über den Eimerrand hinaus; höchste Zeit, das Fell einzubringen.

Für große Felle, die in der angesetzten Breimenge nicht vollkommen bedeckt schwimmen können, muss ausreichend warmes Wasser nachgegossen werden (40 °C), bis dies möglich ist. Wenn nötig, ist alles in ein größeres Gefäß umzufüllen.

### Tipp zum Warmhalten

An warmen, sonnigen Tagen lässt sich der Eimer schnell zu einem primitiven Sonnenkollektor umbauen: Über seine Öffnung formt man eine Art Zipfelmütze aus durchsichtiger Plastikfolie – die Sammellinse für die wärmenden Sonnenstrahlen. Sie wird mit einer Schnur an den Eimerwandungen gehalten. Gleichzeitig steht der Eimer auf einer Decke, die ihn auch an den Seiten vor Wärmeverlusten schützt. Diese „aktive Wärmebatterie" muss dann natürlich in der Sonne stehen, und wenn die Isolierung stimmt und nachts auch die „Linse" zugedeckt wird, ist der Kleienbrei nach drei Tagen immer noch handwarm – so muss er sein.

Die Kleie muss zur Gärung warm stehen, daher ist der Eimer in Felle eingewickelt. Hier beginnt sie, über den Rand hinauszutreiben – sie ist zum Beizen fertig!

Auch wenn das Fell eingebracht ist, muss die Temperatur gehalten werden. Es ist ratsam, große Felle vor dem Einbringen fünf Minuten lang in handwarmem Wasser vorzutemperieren.

In der Beize bleibt das Fell nun drei bis fünf Tage, je nach Dicke der Haut und je nach Aktivität der Bakterien; fertig ist es, wenn es richtig aufgetrieben ist: Entstandene Luftblasen lassen es über die Wasseroberfläche hinaus aufsteigen, und es hat einen luftigen Griff. Es empfiehlt sich nicht, das Fell weiterhin in der Beize zu lassen, da man es ja mit Bakterien zu tun hat, deren zerstörerische Wirkung auf die Haut bekannt ist.

Was ist beim Beizen vorgegangen? In der Beize ist die Haut mit der Weizenkleie und dem Zucker etwas vergoren. Die dabei entstandenen Gase bilden zwischen den Hautfasern Hohlräume, sodass die Haut eine „labberige“ Erscheinung bekommt. In diese Hohlräume kann natürlich Gerbstoff gut einfließen, allerdings kann durch sie Gelatine auch gut ausgespült werden. Um das zu verhindern, muss die Haut jetzt besonders schonend weiterbehandelt werden.

Außerdem sind bei der Gärung Säuren entstanden, die den vom Äschern in der Haut zurückgebliebenen Kalk zu Salzen verwandeln. Dieses Salz ist, im Gegensatz zum reinen Kalk, gut wasserlöslich und lässt sich beim nachfolgenden Waschen ausspülen. Zugleich werden auch die Beizbakterien ausgespült, die die Haut im Innern nicht unsichtbar weiterbeizen sollen.

Das Spülen bedarf keiner weiteren Beschreibung, entspricht es doch dem Fellwaschen, wie es bereits ab Seite 34 beschrieben wurde. Die ausgediente Beize ist ein ungiftiger, organischer Komplex, den man sehr gut im Kompost unterbringen kann; wer keinen hat, kann sie selbstverständlich auch der Hauskanalisation zuführen.

# Die Gerbmethoden

# Die vegetabile Gerbung

Die vegetabile Gerbung, die Gerbung mit pflanzlichen Stoffen, wird in der Reihe der aufgeführten Rezepte zuerst genannt, weil sie in unserer Gesellschaft die typische Art der Lederherstellung ist. So stellt sich jeder unter Leder im ersten Moment etwas braunes vor – die braunen Leder der vegetabilen Gerbung. Mit dem Braun eng verknüpft ist die Vorstellung vom derben, festen Schuh- und Taschenleder, das von alters her pflanzlich gegerbt wurde. Diese Gerbmethode eignet sich vor allem für Leder, weniger für Felle.

## Gerbstoffe aus Pflanzen

Anstelle des deutschen Wortes „gerben", das eigentlich „zubereiten" bedeutet, wird die Lederherstellung im Englischen und im Französischen sogar nach dem bekanntesten pflanzlichen Gerbstoff, dem Tannin, „tanning", beziehungsweise „tannage" genannt.

Die pflanzliche Gerbung ist in unserem Kulturraum das klassische Verfahren, Leder herzustellen. Es beruht auf dem Prinzip, dass der Gerbstoff einer Pflanze in die Haut diffundiert. Gerbstoff ist in jeder Pflanze enthalten, denn damit schützt sie sich aktiv vor eindringenden tierischen Organismen. Letztere sind in ihren Grundbausteinen aus Eiweißverbindungen aufgebaut, und genau die greift der Gerbstoff der Pflanze an.

Jede Pflanze hat ihren eigenen Gerbstoffspiegel, der sich sofort erhöht, wenn sie sich bedroht fühlt oder in Stress gerät. Ähnlich verhält es sich beim Menschen mit entsprechenden Hormonen.

Der natürliche Gerbstoffspiegel variiert von Pflanzenart zu Pflanzenart recht stark, und nur die besonders gerbstoffreichen Pflanzen sind zum Gerben geeignet. Zum Teil sind es nur bestimmte Pflanzenteile dieser gerbstoff-

**Pflanzenarten für die vegetabile Gerbung**

| Pflanzenart | Verwendeter Teil der Pflanze mit Gerbstoffgehalt in % | Ergebnis bei der Gerbung |
|---|---|---|
| Eiche | Rinde 10<br>Gallen oder Knoppern 70<br>Holz alter Bäume (selten) 5 | helles, bräunliches, sehr gutes Leder |
| Fichte | Rinde 15<br>Holz (selten) 1 | hellbraunes Leder von guter bis sehr guter Qualität |
| Kastanie | Holz alter Bäume 10 | mittelbraunes, zähes Leder |
| Weide | Rinde 10 | helles, fast gelbliches Leder, das gefettet sehr weich werden kann |
| Birke | Rinde älterer Bäume 10 | der Weidengerbung ähnliches, weiches und strapazierfähiges Leder |

reichen Pflanzenarten, wie die Wurzel, die Rinde, die Frucht.

Diese zum Gerben geeigneten Teile ergeben das vegetabile Gerbmittel, während die in ihm enthaltene gerbende Substanz als Gerbstoff bezeichnet wird. Der bekannteste Gerbstoff ist das Tannin, neben dem es noch viele andere gibt, die hier aber nicht interessieren, weil vorliegendes Rezept auf Tannin aufgebaut ist.

Um dem Leser einen Überblick über die bedeutendsten einheimischen Gerberpflanzen und ihre Wirkung auf das Leder zu verschaffen, sind die typischen Merkmale zusammengefasst.

## Die Altgrubengerbung

Damit ist das Grundprinzip des vegetabilen Gerbens klar: Die Gerbmittel müssen dazu gebracht werden, ihren Gerbstoff an die Haut abzugeben. Weil Tannin wasserlöslich ist, liegt die Idee auf der Hand, die Haut zusammen mit ausreichend Gerbmittel in einem wassergefüllten Gefäß schwimmen zu lassen und abzuwarten, bis das Wasser den Gerbstoff aus den Pflanzenteilen ausgelöst hat, und die Haut ihn wiederum aus dem Wasser aufnimmt.

In der Tat hat sich diese Idee, etwas ausgefeilter, durchgesetzt. Entstanden ist dabei die sogenannte Altgrubengerbung. Altgrubengegerbtes Leder ist bis auf den heutigen Tag an Festigkeit, Gerbstoffbindung und Widerstandskraft ungeschlagen. Seine Qualitäten konnten erst durch die moderne Gerbereichemie auch auf anderem Wege erreicht, nicht aber übertroffen werden.

Die Herstellung des Altgrubenleders geht folgendermaßen vor sich: Zunächst muss das Gerbmittel, zum Beispiel die abgeschälte Eichenrinde, die in Gerberkreisen Lohe genannt wird, in dazu gefertigten Lohmühlen klein geschnitten werden.

Aus dem entstandenen Lohschrot wird zu einem Teil, prinzipiell wie man Tee kocht, eine Gerberflüssigkeit hergestellt, wobei die Gerbstoffkonzentration, die „Farbe“, wie der Fachmann sagt, wesentlich ist. In dieser Flüssigkeit wird die Haut im „Farbengang“, in dem die Konzentration zu allmählich immer besserer Farbe steigt, vorbehandelt.

### Gerbstoffgehalt in Gallen

Weil sich die Pflanze mit ihrem Gerbstoff zu verteidigen versucht, findet man den höchsten Gerbstoffgehalt in Pflanzenteilen, die von Parasiten befallen sind, bei Eichen zum Beispiel in Eichengallen. Diese entstehen, wenn eine Wespe ihr Ei in ein Eichenblatt legt. Das Blatt reagiert mit Zellwucherung, Gerbsäure konzentriert sich; man könnte von der pflanzlichen Variante eines Geschwürs sprechen. In dieser verdickten Kapsel reift die Larve der Gallwespe.

Wenn man industriell gewonnenes Tannin benutzt, bietet es sich an, zusätzlich mit einer Haushaltsschere zerkleinerte Rindenstücke der Gerbbrühe hinzuzufügen.

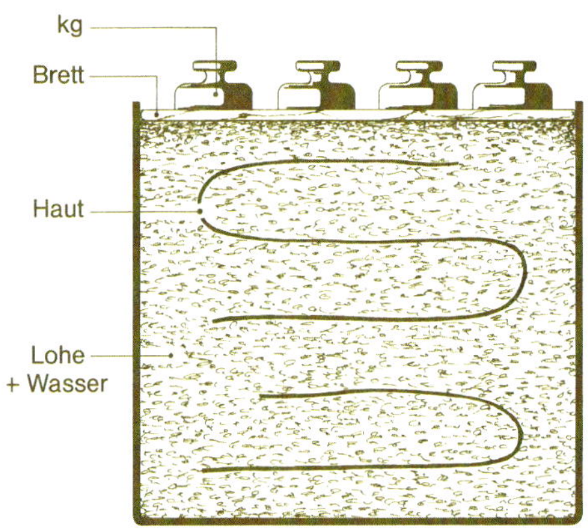


Aufbau eines Versenks.

Mit dem anderen Teil des Lohschrots bedeckt man den Boden des wasserdichten Gefäßes, in dem weitergegerbt werden soll, darauf wird eine Schicht vorbehandelte Haut gelegt, darauf wiederum eine Schicht Lohschrot, dann wieder Haut und so weiter, ganz oben wieder Lohschrot.

Am Ende wird der „Versenk", wie diese Anordnung in der Fachsprache heißt, mit Wasser gefüllt. Damit die Haut nicht auftauchen kann, wird sie mit Brettern bedeckt und mit Gewichten beschwert.

Sobald die Gerbmittel ausgelaugt sind, wird der Versenk schnell erneuert, denn wenn der Gerbstoffspiegel zu weit absinkt, weil die Haut den größten Teil der Gerbstoffe an sich gebunden hat, bleibt eine „wehrlose" organische Brühe zurück, die schimmeln und faulen kann.

Für den Freizeitgerber ist es allerdings schwierig, die erforderlichen Mengen an Rinde, etwa dem fünffachen Hautgewicht, zu beschaffen, sie dann zu zerkleinern, den Versenk alle paar Wochen zu wechseln und schließlich den Berg an pflanzlichen Abfallstoffen wieder zu entsorgen. So hervorragend das altgrubengegerbte Leder werden kann – es wirklich gut hinzubekommen bedarf geschulter Handwerkskunst. Deshalb kommt die Altgrubengerbung wegen des großen Aufwands in der althergebrachten Form für den Freizeitgerber kaum infrage.

## Gerben mit Tannin

Das hier vorgestellte Gerbrezept ist ein Verschnitt aus alter Tradition und moderner Gerbereitechnik. Im Vorgang ändert sich prinzipiell aber nichts. Die Pflanzengerbstoffe diffundieren über das Medium Wasser in die Haut. In der Haut bewirken sie dann eine chemisch feste Bindung mit dem Kollagen, die wasserunlöslich ist und daher nicht mehr ausgespült werden kann. Man hat es also mit einer „echten" Gerbung zu tun.

Für den Hausgebrauch wird der Vorgang wesentlich vereinfacht, indem man das Auslösen des Gerbstoffes zum größten Teil der Industrie überlässt. Wer also vegetabil erfolgreich gerben möchte, der kann sich das Tannin in der Apotheke oder Drogerie kaufen. Das ist nicht teuer, denn mit wenigen Gramm lässt sich schon ein kleines Leder herstellen. Für das Rezept im vorliegenden Verfahren reichen 75 bis 100 g.

Raffiniertes Tannin alleine würde aber wiederum kein sehr schönes Leder ergeben; es wird damit wie Pappe und hat nur geringe Schmiegsamkeit.

Das Geheimnis der pflanzlichen Gerberei ist das Zusammenwirken von Gerbstoffen und Nichtgerbstoffen, so, wie sie in den Pflanzenteilen vorkommen. Dazu gehören zum Beispiel Salze, Säuren und Zuckerstoffe. Diese einzeln auszuwiegen und zuzugeben ist aber ein sehr mühsames Unterfangen, sodass es einfacher ist, zu der angegebenen Tanninmenge etwas klein geschnittene Fichtenrinde dazuzugeben. Aus ihr lösen sich die Nichtgerbstoffe ins Wasser und gelangen so in die Haut.

Ein weiterer willkommener Effekt dieser Zugabe von echter Rinde ist die dadurch eintretende Braunfärbung des Leders. Während Tannin allein fast überhaupt nicht färbt, verleihen verschiedene Rindensorten dem Leder ihren arttypischen Farbton. Über gewisse Schönheitsvorstellungen hinaus ist die Braunfärbung ein bewährtes Hilfsmittel, die verschiedenen Stadien der Gerbung zu erkennen, worauf später noch eingegangen wird.

Wenn die frische Haut in die Gerblösung eingebracht wird, besteht ein sehr großes Reaktionsbestreben, weil sich die Gerbsäure begierig mit der Hautoberfläche verbinden will.

Die Haut wiederum besitzt ein großes Potenzial, Gerbsäure zur Bindung aufzunehmen. Es besteht also eine Reaktionsspannung, die erst auf Null kommt, wenn alle Reaktionspotenziale der Haut mit Gerbstoff abgedeckt sind.

So weit darf es aber zu Beginn der Gerbung auf keinen Fall kommen, sonst würden die äußersten Hautschichten, der Narben und die Fleischseite, zu festestem Leder werden, und da ja damit die Reaktionsspannung gleich Null wird, könnte in die innere Hautschicht kein Gerbstoff mehr vordringen; der Fachmann sagt: Die Haut ist totgegerbt. Eine totgegerbte Haut ist für den Heimgerber rettungslos verloren, denn die mittlere, ungegerbte Hautschicht bleibt zunächst weiß und wird im Laufe der Zeit unweigerlich verfaulen.

Hier wird die Braunfärbung also plötzlich zu einem hilfreichen Anzeiger, wie schnell die Gerbung in der Haut fortschreitet. Man schneidet jede Woche ein Stück Haut ab und vergleicht die Färbung der Schnittkanten; sollten sich die beiden äußeren braunen Schichten zu Ungunsten der mittleren, weißen nicht mehr vergrößern, liegt ein Gerbfehler vor. Um den bekanntesten, die Totgerbung, zu verhindern, muss die frische Haut, die gegen die Gerbsäure die höchste Reaktionsspannung hat, in eine sehr dünne Gerblösung eingebracht werden, die aufgrund ihrer geringen Gerbstoffmenge nicht alle Potenziale der Haut abdecken kann. Sie deckt nur einen Teil von ihnen ab, dadurch sinkt die Reaktionsspannung, und die später zugegebenen Gerbsäuren können an den Außenschichten, die dann ja nicht mehr so begierig reagieren, in die inneren vorbeidiffundieren.

Die Konzentration der Gerbsäure muss dann langsam erhöht werden. In der Altgrubengerbung kommt dieses Problem nicht vor, denn so langsam, wie die Gerbstoffe aus den Pflanzenteilen herausdiffundieren, diffundieren sie auch in die Haut hinein, ohne ihr Reaktionspotenzial abzusättigen.

Während die Gerbung einer dicken Rindshaut im Altgrubenverfahren bis zu

## Steuern der Gerbreaktion

Die Gerbreaktion in der Haut lässt sich durch die Zugabe von Salz und Säure von außen beeinflussen. Während Salz der Bindung von Gerbsäure und Haut entgegenwirkt, wird die Bindung durch Säure gefestigt. Die Möglichkeit, die Gerbreaktion zu steuern, erlaubt dem Gerber, auch auf die Geschwindigkeit und die Dauer des Gerbprozesses Einfluss zu nehmen. Die Gerbung darf sich nämlich nicht mit stets gleichbleibender Intensität vollziehen.

zwei Jahre dauern kann, lässt sich der Vorgang mit Gerbextrakten abkürzen. Für die schnellere Gerbung braucht man höhere Gerbstoffmengen. Diese in die Haut einzubringen, ohne sie dabei totzugerben, wird durch die oben erwähnte Steuerung der Gerbreaktion möglich – mit Salz. Damit wird das Bindungsbestreben ebenfalls herabgesetzt, und die Gerbstoffe können sofort in großen Mengen an den Außenschichten der Haut vorbeidiffundieren; unterstützt wird die Diffusion zusätzlich durch regelmäßiges Walken.

Die Bindung, die der Gerbstoff mit der Hautfaser eingeht, muss aber im Interesse eines qualitativ hochwertigen Leders am Ende der Gerbung wieder möglichst stark werden. Um der bindungshemmenden Wirkung des Salzes entgegenzuwirken, setzt jetzt die bindungsstärkende Säure ein.

Das Schöne ist, dass die zugegebene Rinde Nichtgerbstoffe auslöst, die mit dem pflanzlichen Zucker ganz von selbst mit der Zeit zu Säuren vergären, deren Menge zum Ende hin zunimmt. So wächst der Gerbstoff im richtigen Moment, wenn er die Haut durchzogen hat, in einer festen Bindung mit ihr zusammen und sie wird gleichmäßig schnell gegerbt.

## Das Verfahren

Die Häute sollten vor dem Einbringen in die Gerblösung gekälkt und gebeizt worden sein, weswegen sich die vegetabile Gerbung mehr für die Bereitung von Ledern als von Fellen eignet. Nur eine gut aufgeschlossene Hautstruktur lässt die Gerbsäure gut einziehen. Die folgenden Mengenangaben beziehen sich auf eine Haut in der Größe von halbwüchsigen Schaflämmern.

Die Gerblösung kann in einem 10-l-Eimer oder einem ähnlichen Gefäß dieser Größe angerührt werden und verbleiben. Wichtig ist, dass es nicht aus Metall ist, denn Metall schadet dem pflanzlichen Gerbstoff.

Die Haut sollte ganz in das Gefäß hineinpassen und von der Flüssigkeit bedeckt werden.

In dem Eimer werden nun zwei gestrichene Teelöffel Tannin und ein gestrichener Teelöffel Kochsalz mit 5 l Wasser verrührt.

Als nächstes kommt die gut aufgeschlossene und entkälkte Haut dazu und wird mit einem hölzernen Stab oder auch mit den Händen, die in wasserdichten Gummihandschuhen stecken, etwa 15 Minuten lang bewegt bzw. gerührt, was behutsam vor sich gehen muss, damit keine Gelatine ausgespült wird.

Im Tanninbad wird ausgeschwemmte Gelatine ganz einfach sichtbar. Hierzu folgender Versuchsablauf, den jeder zu Hause nachspielen kann: In einem Glas lauwarmem Wasser wird etwas Speisegelatine unter leichtem Rühren aufgelöst. Während bis dahin das Wasser klar bleibt, bringt die Zugabe von Tanninpulver einen unübersehbaren Effekt: Das Tannin fällt die Gelatine aus der Lösung aus, und das eben noch klare Wasser wird sofort milchig trüb.

Dasselbe vollzieht sich im Tanninbad; zwar sieht man nicht, wie das Tannin sich in der Haut mit der Gelatine verbindet, aber in dem Moment, wo sie aus der Haut ausgewaschen wird und frei im Tanninbad schwimmt, wird sie ausgefällt, und das Tanninbad erfährt eine milchige Trübung.

Die Gelatine-Fällung ist ein Hinweis auf einen „echten“ Gerbstoff. „Unechte“ Gerbstoffe, wie Alaun, bewirken keine Milchtrübung, sie fällen keine Gelatine aus. Der Gelatineversuch ist also geeignet, um festzustellen,

- ob gewisse Pflanzenteile Gerbstoff enthalten (oder ob er zum Beispiel durch langes Herumliegen im Regen ausgewaschen ist),
- ob ein gerbend wirkender Stoff ein „echter" Gerbstoff ist und
- ob bei der Gerbung mit Tannin aufgrund zu intensiver Walkarbeit Gelatine aus der Haut ausgewaschen wird.

Dann wird die Gerbbrühe milchig, was alarmiert, sofort das Walken beziehungsweise Rühren einzustellen. Die Haut braucht dann etwas Ruhe und Zeit, damit die Gerbstoffe sich mit den Fasern fest binden und aus ihnen keine Gelatine mehr ausgespült werden kann. Man wartet mit dem Weiterrrühren, bis sich die Gerbbrühe wieder klärt, also nicht mehr milchig erscheint – die Gerbstoffe binden die Gelatine. Erst dann wird vorsichtig weitergearbeitet.

Da die Haut stets etwas Gerbstoff an sich bindet und darüber hinaus ihre eigene Gewebsflüssigkeit an die Gerblösung abgibt, wird deren Gerbstoffkonzentration immer niedriger.

Entsprechend wird täglich ein Teelöffel Tanninpulver in die Lösung gegeben. So bleibt der Tanninspiegel der Lösung stets über dem in der Haut, und dieses Gefälle hält die Diffusion aufrecht. Dabei ist wichtig, dass die Tanninzugaben nicht über mehrere Tage vergessen werden, denn wenn die Diffusion erst einmal zum Stillstand gekommen sein sollte, ist sie nur schwer wieder in Gang zu bringen.

Mit den Tanninzugaben muss unbedingt auch das Rühren gleichzeitig täglich wiederholt werden. Ohne Rühren bewirkt die Gerbstofferhöhung eventuell doch ein Totgerben. Sollte einmal keine Zeit für das tägliche Rühren sein, muss also auch die Tanninzugabe ausfallen; wie gesagt, möglichst nicht länger als ein, zwei Tage, um die Diffusion nicht zum Erliegen kommen zu lassen.

24 Stunden nach dem Einbringen der Haut wird zusätzlich zu der Tanninzugabe klein geschnittene Fichtenrinde in die Lösung gebracht.

Binnen weniger Tage treten die ersten Veränderungen auf: Die Haut wird zunächst bräunlich rosa und verströmt einen dünnen, aber scharf ledernen Geruch.

Sollten noch Unterhautreste an der Haut verblieben sein, lassen sich diese nicht gerben. Sie zerfallen im Tanninbad zu einer graubraunen Masse und können von Fäulnisbakterien angegriffen werden. Man entfernt sie also spätestens jetzt restlos. Besser ist es natürlich, die Haut gleich richtig zu entfleischen.

Mit der Zeit müssen die Rührperioden von 15 Minuten über 20 Minuten bis auf 30 Minuten täglich gesteigert werden. Die mittlerweile ange-

### Fichtenrinde „ernten"

Da es die Rinde in Apotheken nicht mehr zu kaufen gibt, muss man sie sich selbst von einem jungen Ast schälen, der etwa 1,5 m lang und 10 cm stark sein sollte. Gärtnereien, Weihnachtsmärkte und Kompostanlagen sind dafür gute Anlaufstellen. Einmal geschälte Rinde lässt sich getrocknet auch über Jahre konservieren. Ideal ist es, zunächst schmale Streifen zu schneiden und diese dann zu 1 cm langen Stücken weiter zu zerkleinern. Es lohnt sich kaum, dafür ein spezielles Werkzeug anzuschaffen; Messer oder Schere erfüllen diesen Zweck.

### Fehlerliste für die vegetabile Gerbung

| Fehler | Ursache und Abhilfe |
|---|---|
| Die Haut stinkt in der Brühe. | • Bakterieneinwirkung, möglicherweise durch behaart eingebrachtes Leder. Die Haut wird in der Gerblösung langsam zerfallen. Eine geringe Chance zur Rettung besteht im sofortigen Erneuern des Gerbbades. Die Haut vorher abwaschen. Schwierig ist dabei, die richtige Gerbstoffkonzentration wieder zu treffen.<br>• Fehler in der vorangegangenen Konservierung oder Beize. Wenn die Gerbung aber einwandfrei verläuft, verliert sich in der Regel der Gestank.<br>• Die Haut ist zu lange ohne Tanninzugabe geblieben oder nicht gerührt worden.<br>• Fäulnis durch Diffusionsstop, das Leder ist in der Regel kaputt. |
| Der Färbungsprozeß der Schnittkanten nimmt nicht mehr zu. | • Die Brühe ist zu kalt (Winter, unter +5 °C), sodass die Diffusion kältebedingt stoppt. Normalerweise gefahrlos, durch Erwärmen wieder reparabel, da Kälte die Diffusionsspannung nicht zerstört.<br>• Tanninzugaben über lange Zeit vergessen, Diffusionsstopp, oft irreparabel. |
| Das Leder wird nicht weich. | • Zu früh das Weichmachen beendet, verklebt, nochmals anfeuchten und Weichmachen wiederholen.<br>• Haut enthielt beim Einbringen in die Lösung noch zu viel Kalk, irreparabel.<br>• Vorbeugen durch gründliche Kalkwäsche und Beizen.<br>• Haut ist totgegerbt, irreparabel. |
| Das Leder bleibt wie Pappe. | • Zu wenig Rinde in der Gerblösung, also zu wenig Nichtgerbstoffe.<br>• Unter Umständen Abhilfe durch Nachfetten, ansonsten irreparabel. |
| Im Leder entstehen Löcher. | • Zu grobes Rühren mit scharfkantigem Holzstab.<br>• Schwächung der Haut durch Bakterien.<br>• Folge von Hautparasiten, die erst jetzt sichtbar wird. |

Die vegetabil gegerbten Leder werden zum Trocknen über zwei Wäscheleinen aufgehängt. Die weißen Zipfel sind Eis – die vorangegangene Nacht war frostig. Nach dem Auftauen folgt das Weichmachen.

gerbten Hautaußenschichten vertragen eine längere Walkdauer, ohne dass Gelatine ausgewaschen wird, und die Innenschichten verlangen sogar danach, weil aufgrund der herabgesetzten Spannung die Reaktion nicht mehr so stetig nach innen dringt. Die Gefahr der Totgerbung besteht aber dennoch bis zum letzten Moment, auch wenn die Folgen gegen Ende der Gerbung hin nicht mehr so schwerwiegend sind.

Gegen Ende der Gerbung wird die Haut gegen mechanische Beanspruchung immer empfindlicher, weswegen beim Walken sehr vorsichtig vorgegangen werden muss. Schnell hat man Risse im Narben, und das stolze Ergebnis ist dahin.

Nach etwa 20 Tagen sollte der erste Schnitt am Rand des Leders zeigen, ob oder wie weit die Gerbung nach innen fortgeschritten ist. Aller Wahrscheinlichkeit nach wird in der Mitte noch ein dünner Streifen Weiß sichtbar sein, dessen Stärke aber nicht mehr als 1 mm betragen sollte.

Die planmäßig fortschreitende Gerbung wird nach vier Wochen abgeschlossen und die Haut durchgefärbt sein. Je nach Dicke der Haut kann sich diese Zeitangabe natürlich um eine Woche verschieben. Der Gerber selbst muss nach der Färbung der Schnittkanten entscheiden, wann er die Gerbung für abgeschlossen erklärt.

Die gegerbte Haut wird schließlich aus der Lösung geholt und über ein Holz oder zwei Leinen so über dem Gefäß aufgehängt, dass die Gerbflüssigkeit dort hinein zurücktropfen kann. Das Leder sieht jetzt dunkelbraun aus, was besonders im Vergleich gegen eine noch frische Haut ins Auge fällt. Mit dem Trockenwerden hellt das Braun noch auf, und je nach der Menge der zugegebenen Rindenstücke zeigt es sich schließlich in seiner bleibenden Farbe.

Nach dem Abtropfen folgt das Trocknen, das sofort in das Weichen übergehen oder erst nach beliebig langer Zeit angeschlossen werden kann, wie es ab Seite 90 beschrieben wird.

# Mineralische Gerbung

Alaun wurde früher aus dem in der Natur vorkommenden Alaunstein gewonnen. Heute wird er meist chemisch hergestellt. Er gehört zu der Gruppe der Salze, genauer: der Doppelsalze.

## Die Alaungerbung

Wie die meisten Doppelsalze ist Alaun in vielen Variationen erhältlich und in Wasser löslich. Seit den Anfängen der Gerberei kennt der Mensch seine Wirkung und benutzt ihn zum Fixieren von Farben genauso wie zum Gerben.

Trotz ihrer alten Tradition ist die Alaungerbung aber keine „echte“ Gerbung: Alaun fällt keine Gelatine aus und verbindet sich auch nicht unlösbar mit den Hautfasern. Das Alaunsalz lässt sich sogar vom Wasser aus der Haut wieder ausspülen, und weil die Gelatine nicht ausgefällt ist, verklebt sie bei jedem Trocknen; das heißt, wenn das nasse Alaunleder unbewegt liegengelassen wird, härtet es beim Trocknen und muss wieder neu weich gemacht werden.

Alaunleder und -felle eignen sich daher zunächst nur für den Gebrauch innerhalb des Hauses, zum Beispiel als Betteinlage, Wandschmuck oder Ähnliches. Für den Gebrauch außer Haus bietet sich das nachträgliche Fetten an, wobei die Alaunleder wasserabweisend werden.

Das Prinzip der Gerbstoffaufnahme aus dem Wasser gleicht dem der vegetabilen Gerbung. Ebenso die Gegenwart von Kochsalz, das für die gleichmäßige Verteilung des Alauns in der Haut sorgt. Es muss aber nicht anschließend durch die Gegenkraft einer Säure wieder unwirksam gemacht werden, um die Gerbstoffbindung zu stabilisieren, denn das Alaunsalz geht, wie gesagt, ohnehin keine feste Verbindung mit der Hautfaser ein.

Das Gerbverfahren ist einfach, denn die komplizierten Wechselwirkungen von Haut, Gerbstoff, Salz und Säure, die in der vegetabilen Gerbung auftreten, entfallen hier weitgehend.

Als eine Neuerung gegenüber der pflanzlichen Gerbung tritt Borax in Erscheinung, der beim Anrühren in die Lösung gebracht wird. Er soll sie, wie der Fachmann sagt, „versüßen“, das heißt ihren pH-Wert regulieren.

Der Vorteil der Alaungerbung liegt in der Geschwindigkeit, mit der sie sich bei sehr wenig Arbeit vollzieht und praktisch der Unmöglichkeit, nicht wieder gutzumachende Fehler zu begehen. Schlimmstenfalls war das Alaunbad zu schwach, dann ist die Haut nicht durchgegerbt worden; man gerbt sie einfach noch einmal.

### Besonderheiten der Alaungerbung

Alaun eignet sich zum Gerben von Leder gleichermaßen wie zur Pelzherstellung, wo er auch am bekanntesten geworden ist. Alaungegerbte Leder sind weiß wie die frische Haut. Daher wird die Alaungerberei auch Weißgerberei genannt.

### Das Verfahren

Die gut gewaschenen Häute können direkt in das Alaunbad eingebracht werden. Weicher und besser werden sie aber, wenn sie zuvor aufgeschlossen werden (ab Seite 42).

Da ein Fell aufgrund seiner Behaarung mehr Platz braucht als ein nacktes Leder, muss für ersteres das Gerbgefäß größer und mehr Gerbflüssigkeit vorhanden sein. Die im Folgenden angegebenen Mengen beziehen sich auf die behaarte Haut eines halbwüchsigen Schaflamms, also auf eine kleine Haut mit einem relativ hohen Fellanteil.

In eine 50 l fassende Wanne werden 10 l Wasser eingefüllt. Weitere 2 l Wasser werden in einem Topf auf dem Herd bis auf etwa 80 °C, also bis kurz vor dem Kochen, erhitzt.

In diesem heißen Wasser werden 1 kg Alaun und rund 100 g Kochsalz gelöst. Dabei wird sich nicht der gesamte Alaun auflösen, denn die 2 l Wasser sind bald gesättigt und können dann keinen weiteren Alaun mehr aufnehmen. Es kommt nur darauf an, dass sich sämtlicher Alaun im heißen Wasser befindet.

Dieses heiße Wasser-Alaun-Salz-Gemisch wird dann zu den 10 l in die Wanne gefüllt.

Schließlich gibt man noch ein paar Esslöffel Borax hinzu, soviel, bis das Gemisch eine leichte Trübung aufweist. Das Ganze wird gut verrührt, bis keine Salze mehr zu sehen sind. Dazu kommt die Haut so hinein, dass möglichst viel Fellfläche frei schwimmt, ohne sich gegenseitig zu überlagern.

Das Ganze wird mit ein paar sauberen Mauersteinen beschwert, damit kein Stück aus dem Wasser ragt, und fertig ist das Gerbbad.

Jeden Tag muss das Fell nun einmal gedreht werden, sodass die Seite, die bisher oben war, nun unten schwimmt. Dabei wird auch jedes Mal das abgesunkene Salz verrührt. Mehr als diese zehn Minuten täglich muss nicht für diesen Gerbgang gearbeitet werden.

Nach zehn Tagen ist das Leder gegerbt. Es ändert zwar seine Farbe nicht, wohl aber seinen Griff: Aus der glitschigen, frischen Haut ist während dieser Zeit fühlbar Leder geworden, was man bei Fellen an der Fleischseite, bei Ledern an beiden Seiten erkennen kann. Nach der Gerbung wird es zum Abtropfen über eine Wanne gehängt, sodass die Alaunflüssigkeit in das Gefäß zurücktropft.

Es folgen die Trocknung, die Fettung und das Weichmachen, wie in den entsprechenden Kapiteln beschrieben.

**Fettung bei Alaun- und Chromgerbung**

Die Fettung des fertigen Leders mit Glycerin (oder jedem anderen Fett) ist bei keiner Gerbung so wichtig wie bei der Alaun- und der Chromgerbung. Sie ermöglicht es erst, dass die Felle und Leder nicht pappig werden, sondern sanft und weich (Seite 83).

## Die Glacégerbung – eine Variante der Alaungerbung

Wie der Name schon ahnen lässt, stammt die Glacégerbung in ihrer klassischen Form aus Frankreich. Glacé bedeutet glänzend und bezieht sich auf das Aussehen des polierten Narbens. Bis zum Ende des 19. Jahrhunderts wurde in französischen Gerbereien das Geheimnis der Glacérezepte streng gehütet, um das unvergleichlich weiche Leder konkurrenzlos exportieren zu können. Das Glacéleder ist, wie das Alaunleder, in ungefärbtem Zustand weiß, elastisch, griffig und anschmiegsam – ganz wie die besten heute im Handel erhältlichen Damenhandschuhe.

Die Glacégerbung gehört zur Weißgerberei und ist keine „echte" Gerbung. Um Glacéleder wasserfest zu bekommen, muss es, wie Alaunleder, gefettet werden. Es bleibt aber ein sehr feines Leder, dessen edle Eigenschaften nicht umsonst von den vornehmen französischen Kreisen des 19. Jahrhunderts geschätzt wurden. Den groben Belastungen des rauen Landmannlebens war es nicht gewachsen.

Gegerbt wird mit einer breiigen Flüssigkeit, die in Fachkreisen Gare genannt wird. (Gare ist das Mittel, mit dem etwas zubereitet wird.) Die Gare besteht aus Wasser, Alaun, Salz, Eigelb und Weizenmehl. So hexenküchenartig das anmuten mag, ist diese Zusammenstellung doch eine ideale Mixtur, die die Haut so geschmeidig erhält, wie sie am lebenden Tier nicht besser war.

Der Alaun ist dabei der Gerbstoff, das Salz sorgt für seine gleichmäßige Verteilung in der Haut. Das Eigelb enthält Öle, die die Hautfasern umschließen und die Haut geschmeidig halten. Das Weizenmehl schließlich ist ein Füllstoff, der dem Leder seinen vollen Griff verleiht. Nicht zuletzt durch ihn erhält das Glacéleder seinen edlen Charakter, erwartet man doch nach dem ersten Anblick eines so geschmeidigen Materials etwas Hauchdünnes. Der erstaunlich dicke, elastische Griff bleibt dagegen eine immer wiederkehrende, fühlbare Überraschung.

Das Verfahren ist für den Gerber sehr arbeitsaufwendig, aber nach etwa einer Woche schon beendet. Das Anstrengende dabei ist, die Gare in die Haut einzumassieren. Im Gegensatz zum Alaun diffundieren die Stoffe der Gare nämlich nicht von selbst durch das Fasergefüge.

In alten Gerbereien wurden die Häute in große Fässer geworfen, die Gare dazu, und dann wurde barfuß darin umhergelaufen, bis die Gare einmassiert war. Der Fachmann spricht vom Einwalken. Walken hängt mit dem englischen Wort to walk = gehen zusammen und bezeichnet noch heute jede moderne ähnliche Bearbeitung nach der alten Fußmethode. Zu aller Anstrengung ist das Walken auch noch sehr zeitaufwendig, da es immer wieder von Ruhepausen unterbrochen werden muss, während derer die Stoffe einziehen. So lassen sich für das Walken etwa zwei Stunden Arbeit am Stück rechnen.

Besonders überflüssig mutet dieser Aufwand an, wenn man erfährt, dass sich die Glacégerbung am besten für kleine Häute eignet, wie die von Kaninchen oder Lämmern oder Kitz. Aber trotz allem Kopfschütteln – die erreichte Lederqualität ist ihren Aufwand wert. Verarbeitung finden solche Stücke besonders gern zu Handschuhen, ferner zu weichen Kleidungs- und Schuhbesätzen, aber auch zu vielerlei Gegenständen, wie Etuis, Läppchen, eben für alles, was schmiegsam und sehr weich sein soll.

## Das Verfahren

Die Glacégerbung lässt sich sowohl für Felle als auch für Leder anwenden. Felle haben aber hier ebenfalls den Nachteil, dass sie durch Kalkäscher und Beize nicht so weit aufgeschlossen werden können wie Leder, ohne die Haare zu verlieren. Umso gründlicher muss das Einwalken vorgenommen werden. Es gilt aber die Regel, dass Leder weicher werden als Felle.

Alaun wird in heißem Wasser gelöst. Die weiteren Zutaten erst bei Handwärme hinzugeben, damit der Mehlbrei nicht zu Pudding gerinnt.

Die Glacégare muss in zwei Schritten hergestellt werden. Im ersten werden Alaun und Kochsalz, wie für die Alaungerbung beschrieben, in heißem Wasser aufgelöst. Das Eigelb und das Weizenmehl dürfen nicht mit in das heiße Wasser gelangen, sonst würde daraus ein geronnener Pudding entstehen. Die gerbende Wirkung wäre damit dahin. Die folgenden Angaben beziehen sich auf zwei Kaninchenfelle oder ein Lammfell.

Zunächst werden 75 g (oder 4 Teelöffel) Alaun mit 20 g (oder 1 Teelöffel) Kochsalz in 125 ml (1 Tasse) heißem Wasser aufgelöst.

Parallel dazu werden 600 g Weizenmehl Type 405, also möglichst feines, reines, weißes Mehl, mit etwas Wasser zu einem dicken, klumpenfreien Brei angerührt. Zu dem Mehl kommt dann die Eigelbmasse, die folgendermaßen zubereitet wird: Von 10 Eiern wird das Eiweiß vom Eigelb getrennt. Das Eiweiß ist für die Gerberei überflüssig und kann anderweitig verwendet werden.

Die Eigelbe kommen in eine Schüssel und werden mit etwas lauwarmem Wasser verrührt, bis die Masse recht dünnflüssig und von einheitlicher Konsistenz ist. Das zugegebene Wasser darf nicht wärmer als handwarm sein, damit das Eigelb nicht gerinnt. Das verrührte Eigelb wird zusätzlich noch durch ein Kaffeesieb oder einen feinen Tuchstoff gedrückt, um die letzten Eiweißreste abzufiltern. Eiweiß wird beim Trocknen hart und hat daher keinen Platz in weichen Ledern.

Dann wird das Eigelb mit dem Mehlbrei verrührt, bis beide eine völlig homogene Masse bilden. Dazu wird dann

## Nicht zu heiß!

Auch die fertig gemixte Gare darf nicht zu warm werden, denn die hitzeempfindlichen Stoffe können jederzeit gerinnen. Die „unecht" gegerbten Leder verhalten sich gegen Hitze wie frische oder lebende Häute oder jedes andere Eiweiß. Das fertige Glacéleder darf also nie über 50 °C erwärmt werden, sonst gehen Haut und Gerbstoff kaputt.

die Alaun-Salz-Flüssigkeit gegeben, die bis dahin so weit abgekühlt ist, dass nichts mehr gerinnen kann. Andererseits aber sollte sie noch so viel Wärme haben, dass die gesamte Breimasse handwarm bleibt. Eine kalte Gare verteilt sich nicht gut in der Haut, denn die verschiedenen Öle, die sie enthält, werden erst bei handwarmen Temperaturen dünnflüssig.

Schließlich wird die Gare noch gerührt, bis sie glatt ist wie ein vorbildlicher Eierkuchenteig. Zwischen den Fingern fühlt sie sich sanft und ölig an und ist von karamellcremiger Farbe. Die Gare soll so beschaffen sein, dass sie einerseits dünnflüssig genug ist, in die Haut einzudringen, andererseits soll sie aber nicht sofort abtropfen, wenn die Haut herausgenommen und aufgehängt wird.

In diesem Zustand ist die Gare bereit, dass die Häute eingebracht werden. Sollten aber die Häute noch nicht bereit sein, kann die Gare nach einigen Stunden Wartezeit auf der Heizung wieder vorsichtig angewärmt werden.

Für Glacéleder, die weich wie ein Taschentuch werden sollen, sind die Kalkäscher und die Beize unbedingt nötig. Ohne diesen Hautaufschluss ist diese außergewöhnliche Geschmeidigkeit nicht erreichbar. Die gekälkten Häute sollten zum Entkälken in leicht kalkhaltigem Wasser gewaschen werden, damit später keine Schatten auf dem weißen Narben entstehen. Auch beim Enthaaren ist besondere Vorsicht geboten: Wenn die Haare entfernt werden, soll der Narben, der Stolz des Glacéleders, unverletzt bleiben (vgl. Seite 48).

Nach der Beize werden die Häute nochmals gewaschen, am besten in lauwarmem Wasser, damit sie sich auch erwärmen und die Gare nicht abkühlen.

Nun geht es ans Einwalken. Während nackte Häute, die zu Leder gemacht werden sollen, in die Gare eingelegt und darin gewalkt werden, wird zum Bearbeiten von Fellen nur die Fleischseite bestrichen, damit die Gare nicht in den Haaren verklebt. Das Fell wird daraufhin, von Kopf bis Schwanz in der Mitte, Fleischseite auf Fleischseite, zusammengefaltet. Von außen sind also nur Haare zu sehen, und zwischen den Fleischseiten befindet sich, wie der Belag eines Sandwiches, die Gare.

Um die Gare in die Haut zu massieren, bietet es sich an, das Fell im wahren Sinne des Wortes zu „walken": Man legt es in eine Plastiktüte, verschließt sie, damit kein Schmutz hinein und nichts hinaus kann. Dieses Bündel wird auf einen weichen Grund gelegt, der die Tüte nicht mit scharfen Steinen oder Ähnlichem verletzen kann; dann setzt man einen Fuß nach dem anderen (ohne Schuhe) weich darauf, als gelte es, das Fell weich zu tanzen. Durch das Eigengewicht des Gerbers wird die Gare so in der Haut verteilt. Beachtet werden muss natürlich, dass die Tüte nicht kaputtgeht, und das Fell muss alle fünf Minuten gedreht und wieder richtig hingelegt werden.

Ursprünglich wurden auch die nackten Häute barfuß in der Gare „gewalkt".

Das entspricht aber kaum mehr den heutigen Appetitvorstellungen, und so greift der Freizeitgerber in der Regel lieber zum Stampfer. Der Stampfer ist ein beliebiges Stück Holz, das mindestens fünf Zentimeter Durchmesser sowie abgerundete Kanten und Ecken haben sollte, um die Haut nicht zu verletzen.

Mit diesem Holzstamm wird in Handarbeit die Fußbewegung nachvollzogen. Die Haut liegt hierfür in einem großen Topf oder Eimer, dessen Boden dem Walken standhält. Das harte Holz muss selbstverständlich auch trotz abgerundeter Ecken und Kanten ruhig und weich bewegt werden, um die zarte Haut nicht zu verletzen und um nicht ihre Gelatine auszuschlagen.

Gewalkt wird bei allen Verfahren in mindestens vier Gängen zu je 15 Minuten mit je 15 Minuten Pause dazwischen. In den Pausen kommt die Haut in ihrem Gefäß wieder auf die Heizung, um nicht zu sehr abzukühlen, denn dann ginge die Gare nicht mehr gut. Nach dem letzten Stampfen passiert nichts; das Fell oder Leder bleibt an einem warmen Ort über Nacht in der Gare.

Am nächsten Tag wird es noch einmal 15 Minuten lang gewalkt und dann aufgehängt, und zwar über zwei parallele Leinen (zum Beispiel eines Wäscheständers), damit die beiden herunterhängenden Hauthälften sich nicht berühren können. So bleiben sie etwa zwei Tage lang hängen, bis sie trocken sind.

Die Trockentemperatur darf nicht über 30 °C liegen, damit die Gare sich nicht verflüssigt und abtropft oder gar gerinnt. Gut ist ein leichter, warmer Wind, der die Gare schnell entwässert.

Wenn das Glacéleder völlig trocken und hart ist, lässt erst einmal nichts mehr auf seine typischen weichen Eigenschaften schließen, es scheint verdorben zu sein. Aber keine Angst, es ist kein Fehler passiert. Alles läuft wie vorgesehen. Das Weichmachen erst bringt die berühmten Eigenschaften zu Tage. Als erster Schritt dahin muss es wieder angefeuchtet werden.

Um das empfindliche Glacéleder nicht zu gefährden, geht man hier nicht, wie ab Seite 91 beschrieben, mit feuchtem Sand vor. Die feinen Körner könnten es zerkratzen, und das wäre schade.

Man hält es stattdessen wenige Minuten unter Wasser, lässt es etwas abtropfen und stopft es in eine wasserdichte Plastiktüte, in der es 24 Stunden lang verschlossen bleibt.

Am nächsten Tag wird das jetzt feuchte Leder mitsamt seiner Plastiktüte in eine zweite, sehr robuste Tüte getan (zum Beispiel in einen Müllsack) und auf einen weichen Boden gelegt, in dem keine spitzen Gegenstände stecken, die die Tüte verletzen. Auf diesem Bündel „tanzt" der Gerber nun mindestens 30 Minuten, besser noch länger, herum.

Zugegebenermaßen ist das eine exotisch anmutende Beschäftigung, aber wer es einmal gemacht hat, wird keinerlei Bedenken mehr haben. Tatsächlich findet sich keine andere Methode, so einfach, billig und gründlich das feuchte Leder weich zu treten.

Vielleicht fragt sich der eine oder andere, wie unsere noch ursprünglich lebenden Zeitgenossen seltener Urvölker es bewältigen, mitunter stundenlang dieselbe Bewegung durchzuhalten. Nun, es braucht dazu weder Zwang noch Verlockung – eine Gruppe baut mit Rhythmus und Gesang eine dynamische Spannung auf, mit deren Hilfe solcherlei Arbeit zum berauschenden Spiel werden kann.

## Mit Musik geht's besser

Unser ernst gemeinter Tipp: Wer sich seinen Player mit seiner Lieblingsmusik aufsetzt, tanzt zu ihr beschwingt auf dem Fell herum. Wie schnell ist eine dreiviertel Stunde Musik abgespielt – und das Glacéleder ist für den letzten Schliff des mechanischen Weichmachens bereit (ab Seite 90).
Kleiner Tipp: Ganzheitlich interessierten Hobbygerbern steht es selbstverständlich frei, ob sie ihren Player in einem selbstgegerbten Etui unterbringen möchten. Maus-, Fisch- oder Vogelhäute eignen sich (entgegen aller oben erwähnten Warnungen) dafür allemal.

Mit Musik kann der Gerber auf den Plastikbeuteln tanzen, um die Felle weich zu treten.

Heute wird zwar niemandem die Unterstützung eines ganzen Stammes mit Trommlern und Sängern zuteil, aber die moderne Elektronik scheint die Umstände, die uns vom Stammesleben fernhalten, ausgleichen zu können.

# Die Fettgerbung

Die Fettgerbung ist wahrscheinlich die älteste Art des Gerbens. Über ihre Entdeckung lässt sich heute nur noch mutmaßen; mitunter mag sie auch unbeabsichtigt eingeleitet worden sein, wenn vor Jahrtausenden schon der zu Anfang erwähnte Urmensch die frische Haut mit einem Knochen oder einem Stein schabte, um sie von Fleischresten zu befreien und dabei das anhaftende Fett einmassiert hat.

Bei der Fettgerbung sind zwei Arten zu unterscheiden, nämlich eine „unechte" und eine „echte" Gerbung. Oben genanntes Zufallsprodukt ist eine „unechte" Gerbung. Hier umhüllt das Fett die einzelnen Hautfasern, lagert sie geschmeidig gegeneinander verschiebbar, sodass sie nicht verkleben, und schützt am Ende die Haut vor Nässe und Fäulnis.

Bei der „echten" Gerbung muss, wie jede „echte" Gerbung definiert ist, der Gerbstoff – in diesem Fall also das Fett – mit der Hautfaser in eine chemische Bindung treten, die ohne Weiteres nicht mehr auflösbar ist, die beim Sieden keinen Leim ergibt und die Haut in die Lage versetzt, höhere Temperaturen auszuhalten, ohne zu schrumpfen.

Um mit der Hautfaser reagieren zu können, muss das Fett an der Luft oxidieren. Dazu eignet sich aber nicht jedes Fett, sondern speziell nur das von Meeressäugetieren und Fischen sowie einige Pflanzenöle. Alle anderen Fette können die Hautfaser nur umschließen, und es passiert chemisch nichts.

## Die „unechte" Fettgerbung

Die „unechte" Gerbung eignet sich gleichermaßen zur Bereitung von Fellen und Ledern. Darüber hinaus bietet sie sich an, mit einem anderen Stoff zur Mischgerbung kombiniert zu werden. Hierbei vereinigen sich dann die Eigenschaften zweier verschiedener Gerbungen.

Zu den Vorzügen der Fettgerbung gehören vor allem die zu erzielende Weichheit des Leders und die wasserabstoßende Wirkung. Letzterer zwingt den Gerber aber dazu, die Fettgerbung bei einer Kombination mit anderen, in der Regel wasserlöslichen Gerbungen, als letzten Gang, praktisch als „Nachfettung" anzuschließen. Käme sie als erster Gang, würde die dadurch vorgefettete Haut den wassergelösten Gerbstoff des folgenden Ganges abstoßen.

Wer mit Fett mischgerben möchte, muss das also vor dem Fetten wissen. Näheres über die Mischgerbung ist ab Seite 85 zu finden.

Selbstverständlich lässt sich die „unechte" Fettgerbung aber auch alleine anwenden.

Das wohl prominenteste Beispiel einer „unechten" Fettgerbung ist die Hirngerbung (ab Seite 71).

### Das Verfahren

Die zum Fettgerben gewählte Haut muss nicht unbedingt einen Hautaufschluss erfahren haben. Wie in der Kapiteleinführung bemerkt, kann es schon ausreichen, mit einem schweren Werkzeug, zum Beispiel einem Stein, in die frisch abgezogene Haut ihr eigenes Fett einzumassieren.

Diese steinzeitliche Methode ist aber sehr kraft- und zeitaufwendig. Der Hautaufschluss erleichtert die Arbeit sowohl kräftemäßig wie zeitlich. Hierfür muss die Haut entfleischt werden, denn wenn das Unterhautfett nicht einmassiert wird, stört es den Aufschluss und die Fremdfettaufnahme.

Ansonsten gilt alles, was über den Hautaufschluss bereits gesagt wurde: Zum Fellbereiten kann – muss aber nicht (wem das zu gefährlich ist) – die Haut einseitig gekälkt werden. Was Leder werden soll, kommt ins Kalkbad, wird danach gewaschen, gebeizt und spätestens dann enthaart.

Als unechtes Gerbmittel könnte man theoretisch jedes beliebige Fett verwenden. Im Sinne eines möglichst geringen Arbeitsaufwandes und einer erfolgreichen Gerbung sollte es aber bei handwarmen Temperaturen weich werden und schwer auswaschbar sein. Für die Praxis bedeutet das, dass man am besten die tiereigenen (Haut-)Fette nimmt, wie etwa Rindertalg, denn diese werden beim Erwärmen alle weich bis flüssig. Es bietet sich auch die Möglichkeit, ein härteres Fett mit einem Öl zu mischen, bis die gewünschte Konsistenz erreicht ist. Die Fettaufnahme gelingt bei handwarmen Temperaturen am besten.

Das gewählte Fett wird in die Haut einmassiert, wobei sich drei Möglichkeiten auftun: Kleine, dünne Häute können zwischen den Händen gerubbelt werden, wie man Strümpfe im Wasserbecken wäscht. Größere, dickere werden gewalkt, entweder mit einem Stampfer oder direkt zu Fuß, indem man sie nicht im Fett liegen lässt, sondern damit tüchtig bestreicht, dann in eine Tüte packt und „betanzt". Hierbei muss alle 10 Minuten, wenn das aufgetragene Fett einmassiert ist, ein neuer Aufstrich erfolgen.

Die Massagen sollten jeweils etwa eine Viertelstunde dauern, danach wird eine Viertelstunde pausiert und wiederum eine Viertelstunde massiert und so weiter. Je länger diese Serie von Massieren und Pausen fortgesetzt wird, desto besser. In der Regel genügen bei Häuten von Lamm- oder Kitzgröße vier bis fünf Arbeitsgänge.

Über die folgende Nacht bleibt die Haut dann im Fett, am besten auch bei handwarmen Temperaturen. Am nächsten Morgen wird noch einmal eine Viertelstunde massiert, und danach breitet man die Haut über zwei parallele Leinen, zum Beispiel eines Wäscheständers, zum Trocknen aus.

Das Trocknen kann fortgesetzt werden, bis die Haut hart geworden ist, oder man beginnt kurz davor das Weichmachen, wie es ab Seite 90 beschrieben ist.

## Die „echte" Fettgerbung

Die „echte" Fettgerbung ist sowohl in der Auswahl der Fette als auch im Verfahren schwieriger als die „unechte".

Die Auswahl der Fette beschränkt sich auf solche, die an der Luft oxidieren können. Das sind vornehmlich Fette, Öle und Trane von Meeressäugetieren und Fischen, deren Verwendung heutzutage aber wegen des Artenschutzes fragwürdig geworden ist. Von den pflanzlichen Ölen kommen Rüböl und Leinöl infrage.

Im Verfahren ist die „echte" Gerbung komplizierter als die „unechte", weil die Fette nicht ohne Weiteres zum Oxidieren gebracht werden können. Sie benötigen dazu über mehrere Tage einen warmen, leichten Luftstrom, der sie bestreicht.

Am Ende der Gerbung muss das überschüssige Fett, das sich nicht mit der Haut verbunden hat, mit Sodawasser ausgewaschen werden. Praktisch ist die „echte" Fettgerbung nur für die wenigen Leser interessant, die zufällig günstig an die infrage kommenden Fette gelangen können. Sie wird hier aber trotzdem aufgeführt, weil ihre Beschreibung das Bild des Laien, das er vom Gerbvorgang bekommt, um wichtige Bestandteile vervollständigt.

Nach dieser Rede gegen die „echte" Fettgerbung muss ihr aber zugestanden werden, dass sie auch durchaus Vorteile hat; der schlagendste ist die feste („echte") Bindung des Gerbstoffes an die Hautfaser. Somit kann das Leder getrost über Wochen in warmen Räumen gelagert werden, ohne dass das Gerbfett ranzig wird. Weiterhin darf es nass werden und trocknet ohne Qualitätseinbußen wieder weich auf. Für Mikroorganismen ist es kaum mehr interessant. Das Leder muss schon monatelang vernachlässigt in stickiger Luft gelagert werden, bevor es schimmelt.

Im Gegensatz zu „unecht" gegerbtem Leder ist es nicht mehr so empfindlich wie eine Rohhaut, verträgt also sowohl mehr mechanische Belastung als auch höhere Temperaturen, ohne daran Schaden zu erleiden.

## Das Verfahren

Die Haut muss vor der Gerbung gut aufgeschlossen sein, weswegen sich diese Gerbmethode mehr zur Gerbung von Ledern als von Fellen eignet. Da die aufgeschlossenen Häute wesentlich empfindlicher sind als naturbelassene, muss das Einmassieren des Fettes entsprechend behutsam vor sich gehen.

Prinzipiell aber gleicht es den für die „unechte" Gerbung beschriebenen Methoden; so stehen auch hier das Rubbeln, das Stampfen oder die Fußarbeit zur Auswahl, die nur eben nicht zu stürmisch erfolgen darf, um die Haut nicht zu verletzen oder Gelatine auszuspülen.

Auch hier wird mit handwarmem Fett in einem Wechsel von Walken und Pausieren vorgegangen, für die eineinhalb bis zwei Stunden anberaumt werden sollten. Es folgt die Nachtruhe im warmen Fett und am nächsten Tag das abschließende Walken.

Im folgenden Arbeitsschritt trennen sich die Wege im Verfahren der „echten" von der „unechten" Gerbung: Bis jetzt ist das Fett als Gerbmittel in die Haut gelangt. Dort kommt das „echte" Gerbfett zum Tragen, und es folgt der Oxidationsprozess, durch den sich das Fett in der Haut zum Gerbstoff verwandelt.

Dazu wird die gefettete Haut in einem Raum bei 30 bis 40 °C Lufttemperatur frei aufgehängt, wobei die Luft in leichter Bewegung und nicht stickig sein sollte. Diese Bedingungen erfüllt beispielsweise ein warmer Heizungskeller, in dem ein Ventilator läuft.

### Kostspielige Methode

Von einer kostengünstigen Gerbung kann man hier nicht sprechen, zumal das dreifache des Hautgewichtes an Fettstoff benötigt wird. Gewöhnlich ist der Gerbstoff teurer als die Haut.
Nicht zuletzt aus diesem Grunde ist die dringende Empfehlung, erste Erfahrungen mit der „echten" Fettgerbung an sehr kleinen Häuten zu machen. Eine Kitz- oder Lammhaut ist hier schon ein größeres Stück.

## Alternative zum Heizungskeller

Wer nicht über einen warmen Kellerraum verfügt, legt die Haut in einem Knäuel in eine Tüte gewickelt auf einen Heizkörper. Um bei diesem Verfahren die zirkulierende Luft zu ersetzen, wird die Haut täglich zweimal aus der Tüte genommen und aufgeschüttelt. Allerdings bleibt diese Ausweichmethode ein Kompromiss, wobei es immer wieder vorkommen kann, dass die Haut in der Tüte, anstatt gegerbt zu werden, verschimmelt. Darauf muss sie bei jedem täglichen Aufschütteln untersucht werden.

Nach etwa 14 Tagen ist die Oxidation abgeschlossen. Auf dem Wege dahin ändert die Haut ihre Farbe. Während sie anfangs weiß war, wird sie plötzlich gelblich braun, etwa wie Fensterleder, und strömt bald einen scharfen, fast ranzigen Geruch aus. Neben dem Probeschnitt, der eine durchgehende Färbung der Schnittflächen zeigen soll, ist dieser Geruch ein Hinweis auf die vollzogene Oxidation.

Nun ist es an der Zeit, die Leder aus der Brut herauszunehmen und mit Gummihandschuhen in lauwarmem Sodawasser zu spülen, um die ungebundenen Fettreste auszuwaschen. Je weniger Sodawasser man dabei benutzt, desto besser. Es stellt nämlich mit den darin gelösten Fettstoffen ein optimales Lederpflegemittel dar, dessen Qualität mit dem proportionalen Fettgehalt zunimmt. Für eine Kaninchenhaut reicht zum Spülen meist schon ein Liter Wasser.

Jetzt ist das Leder „echt" altsämisch gegerbt, wie man in der Fachsprache sagt, und es kann zum Trocknen aufgehängt werden. Hier treffen sich wieder die Wege der „unechten" und der „echten" Fettgerbung, denn hier wie dort wird das Leder über zwei Leinen gehängt, damit die herunterhängenden Teile sich nicht berühren können, und in beiden Fällen kann das Weichmachen kurz vor Ende der Trockenzeit einsetzen oder die hart getrockneten Stücke werden zum anschließenden Weichmachen wieder angefeuchtet.

Zum Anfeuchten von fettgegerbten Ledern tun sich zwei Möglichkeiten auf: Zum einen die bereits bekannte, mit Wasser, feuchtem Sand oder Ähnlichem, zum anderen das „Anfeuchten" in warmem, flüssigem Fett.

Die Haut trocknet über zwei Leinen gelegt am besten.

# Die Hirngerbung

Die Hirngerbung ist durch die Tradition nordamerikanischer Indianer bis heute lebendig geblieben. Eigentlich ist sie aber viel älter und weiter verbreitet als man erwarten möchte. Sie kann sogar als Hinweis auf einen bestimmten kulturellen Entwicklungsstand eines Volkes betrachtet werden. So findet man die Hirngerbung nicht nur im Amerika der vergangenen fünfhundert Jahre, sondern bei allen steinzeitlich lebenden Völkern vergleichbarer geografischer Breite, also ebenso in Ägypten, Griechenland und auch bei uns.

In der Entwicklung seit der Steinzeit hat sich mit dem verwendeten Werkzeug des Menschen auch sein Materialangebot verändert und weiterentwickelt. Das Wissen um die Hirngerbung ging mit der Entdeckung anderer Gerbarten überall in Europa gleichermaßen verloren.

Ein bekanntes Beispiel für althergebrachte Verwendung von hirngegerbtem Leder ist der Geldbeutel, der in vergangenen Zeiten oft der Hodensack eines Bocks war.

## Eigenschaften

Die Indianer Nordamerikas, die auf ihrem Kontinent von unserer Entwicklung bis auf die letzten fünf Jahrhunderte verschont geblieben sind, haben uns mit der Hirngerbung ein echtes kulturelles Fossil überliefert. Das heißt aber nicht, dass die Hirngerbung heute überholt ist – im Gegenteil, kaum eine Gerbmethode ist so vielseitig und dabei so umweltfreundlich wie diese.

Dank ihrer Einfachheit kann sich praktisch jeder dieser Methode bedienen, gleich, ob es darum geht, eine zufällig anfallende Haut schnell zu verwerten oder um gezielt ein bestimmtes Leder oder Fell herzustellen.

Die Hirngerbung ist eine Unterart der Fettgerbung und eine Weiterentwicklung der urmenschlichen Gerbmethode, das tiereigene Fett in die Lederhaut einzumassieren. Wie die Fettgerbung ist sie eine „unechte“ Gerbung, es entsteht also keine chemische Reaktion mit der Hautfaser. So ist die hirngegerbte Haut zunächst auch nicht wasserfest. Durch das Räuchern, wie es im folgenden Kapitel beschrieben wird, erhält sie diese Eigenschaft aber noch nachträglich.

Die Lebensdauer einer hirngegerbten Haut kann die des Menschen mitunter sogar noch übertreffen. So liegen im deutschen Ledermuseum in Offenbach am Main originale Indianerkleidungsstücke aus, die in den 1880er-Jahren ge-

## Vorteile der Hirngerbung

Zur Hirngerbung braucht man weder eine Gerbbrühe noch muss ein bestimmter Stoff extrahiert oder gemischt werden. Der Vorgang lässt sich in einem Stück bewältigen und kann in drei, vier Tagen abgeschlossen sein. Er lässt sich aber auch an mehreren Stellen langfristig unterbrechen und ist somit „freizeitfreundlich“. Gegerbt werden kann im Hof, auf dem Feld, im Wald oder auch in geschlossenen Räumen.

gerbt wurden und noch immer den Eindruck erwecken, als könne man sie sofort anziehen. Im großen Indianerhandbuch von Ostwald (Seite 106) wird vom Gerstäcker-Museum berichtet, in dem Mokassins, von Friedrich von Gerstäcker selbst hergestellt, ausliegen, die noch wie neu sein sollen.

Hirngegerbte Leder und Felle können ähnlich weich werden wie glacégegerbte, aber mit einer veränderten Weichmachung lässt sich mit derselben Gerbung auch robustes Leder für Riemen, Gürtel und dergleichen erzeugen.

Die zu Leder bestimmten Häute können naturbelassen, also ohne Hautaufschluss durch Kälken oder Beizen, gegerbt werden, jedoch ist die Arbeit dann anstrengender. Insofern ist der kulturell erst viel später auftretende Hautaufschluss eine hilfreiche Ergänzung des alten Rezeptes.

Wer – nachdem der hautaufschließende Äscher aus der Haut entfernt wurde – diese noch abschließend kurz mit Essig spült und den danach wieder mit Wasser abwäscht, erhält ein besonders weiches Leder.

Das Gehirn, meist des Tieres, dessen Haut bearbeitet wird, ist das Gerbmittel. Ob es aber tatsächlich von demselben Tier stammt, ist unwesentlich. Das Gehirn eines anderen Tieres eignet sich ebenso; es darf sogar von einer völlig anderen Tierart sein. Wichtig ist nur, dass mindestens so viel Gehirn verwendet wird, wie zu dem entsprechenden Tier gehört. Es kann auch gerne mehr, etwa doppelt soviel werden. Größere Mengen schaden nicht, zu wenig Hirn aber bewirkt eine unvollständige Gerbung, sodass noch einmal nachgegerbt werden muss, um das Leder weich zu bekommen. Junggerber tun gut daran, zu Beginn ihrer Erfahrungen freiwillig die doppelte Menge an Gehirn zu verwenden, denn mit dem tiereigene schafft man es nur mit ausreichender Übung, die Haut zu gerben.

Das Gehirn bewirkt bei der Gerbung zweierlei: Erstens ist es ein Füllstoff, vergleichbar dem Weizenmehl bei der Glacégerbung, der die Haut flauschiger werden lässt als es die Ur-Fettgerbung vermag. Zweitens besteht es selbst zum Großteil aus Fett und bewirkt zusätzlich indirekt die Gerbung, indem es das der Haut eigene Fett auslöst und diese damit einfettet. Hier wird die Verwandtschaft zur Urfettmethode, das eigene Fett von außen einzumassieren, offensichtlich. Der Vorteil der neueren gegenüber dieser Urmethode ist die Arbeitsersparnis, denn das formlose Gehirn lässt sich einfacher einmassieren als das relativ zähe Hautfett.

Wer selbst schlachtet oder schlachten lässt, kommt am einfachsten an Gehirn, wenn im Schlachthof mit dem geeigneten Werkzeug der Schädel des geschlachteten Tieres gespalten und das Gehirn entnommen wird – was wegen BSE-Verordnungen nur möglich ist, wenn es sich nicht um Wiederkäuer handelt. Dabei soll nicht großzügig verschwendet werden, sondern man entnimmt sauber auch das kleinste Klümpchen. Gehirn ist im Vergleich zum Tierkörper immer wenig.

Ein anderer Weg zu ausreichend Hirn führt durch den Metzgerladen. Dort liegt es in der Regel zwar nicht aus, weil der Verbrauchergeschmack sich anderen Fleischsorten zugewendet hat, aber auf Bestellung besorgen sie einem das Gewünschte – außer eben Hirn von Wiederkäuern. Empfehlenswert ist Hirn vom Schwein.

Wer zum ersten Mal eine Haut hirngerben möchte, sollte sich maximal auf Lammhautgröße einlassen; dafür sind zwei Schweinehirne vollkommen ausreichend.

## Das Verfahren

Vor dem Gerben muss das Gehirn in so viel Wasser, dass es gerade nicht anbrennt, gekocht werden. Nach fünf bis zehn Minuten Kochzeit ist die eben noch rosarote Masse weiß geworden und erinnert in ihrer Konsistenz an ein gekochtes Ei. Dabei entwickelt das Gehirn einen typischen Geruch, der manchen Leuten appetitlich ist, anderen gar nicht. Dieser Geruch geht später auch auf die gegerbte Haut über, verliert sich aber zum Großteil, wenn sie das erste Mal trocknet.

Nachdem das zu verwendende Hirn dann auf Handwärme abgekühlt ist, verteilt man es sparsam in kleinen Bröckchen, für Fell auf der Fleischseite, für Leder auf beiden Seiten der Haut. Vor allem sparsam, denn das wenige muss für die gesamte Fläche, unter Umständen beidseitig, reichen. Als Werkzeug zum Einmassieren des Gehirns eignen sich runde, stumpfe Gegenstände, zum Beispiel ein Kieselstein oder auch ein Marmeladenglas. Man übt dabei einen Druck auf die Haut aus, als wollte

Eine Rehhaut wird mit Hirn und Leber eingerieben. Im Hintergrund trocknet schon eine andere Haut, die auf das Weichmachen wartet.

man Seife durch einen Teppich reiben. So viel Arbeit, wie nötig wäre, dass die Seife auf der Unterseite des Teppichs wieder herauskommt, soll in Haut und Hirn gesteckt werden.

Achtung: Im Gehirn befinden sich oft Splitter des Schädelknochens. Diese müssen peinlich genau herausgesucht werden, denn die Haut, die beim Hirnen empfindlich wird, bekommt leicht

**Tipp zum Aufbewahren**

Wer mehr Gehirn gekocht hat, als er braucht, kann das überschüssige in Marmeladengläser einkochen oder einfrieren. So ist es gleich für Jahre konserviert und kann bei Bedarf nach einfachem Anwärmen sofort verwendet werden.

Löcher, wenn die Spitze eines solchen Knochensplitters mit Kraft darüber gerieben wird.

Sobald das Gehirn ganz in die Haut eingerieben ist, folgt das Wasser, in dem es gekocht wurde, und wird zum besseren Verteilen und Eindringen der Masse in die Haut hinterher gerieben. Wer Leder gerbt, sollte vor dem Einreiben Hirn und Wasser jeweils halbieren, denn die Substanzen müssen für beide Seiten reichen.

Wenn endlich Hirn und Wasser rückstandslos eingerieben sind, ist die eigentliche Gerbung abgeschlossen. Es folgt die Trocknung, die, wie bei anderen Gerbungen auch, nahtlos in das Weichmachen übergehen kann.

## Hirngerbung unter Zusatz von Leber

Wenngleich Schweinehirn in gut sortierten Metzgereien (zumindest auf Bestellung) in nahezu beliebigen Mengen erhältlich ist, sollte hier eine wesentliche Erweiterung nicht vorenthalten bleiben: Das Hinzufügen von Leber.

Auch diese Methode stammt noch aus den frühen Tagen der Menschheit und entspringt nicht nur dem stets knappen Angebot an Hirn eines jeden Wesens. Heute kombinieren einige das Hirn mit Eigelb oder Öl, Manche ersetzen es gar ganz mit einem beliebigen Fett, das sie mit Seife emulgieren. Nichts dergleichen kommt aber an die Wirkung ran, die aus der uralten Kombination von Hirn und Leber entsteht. Sogar in den alten Zeiten der stets an Nahrung knappen Jägervölker hat sich die Investition der schmackhaften und nährreichen Leber gelohnt. Auch heute mag es manchem Hobbygerber wie Verschwendung anmuten, die Leber nicht zu essen, sondern in eine tote Haut zu reiben. Wer aber später das weiche, naturreine Ergebnis in Händen hält, wird kaum mehr so denken.

### Das Verfahren

Die Leber kann vor der Verwendung mit dem Hirn zusammen fünf bis zehn Minuten in sparsam zugegebenem Wasser gekocht werden. Während das Hirn beim Kochen weiß wird und eine weiche Konsistenz behält, verfärbt sich die Leber zu dem typischen Graubraun und wird zäh bis hart. Nach Belieben kann die Leber vor oder nach dem Kochen in kleine Bröckchen geschnitten werden, die sich leichter einmassieren lassen.

Es empfiehlt sich, zuerst die Leber in die Haut zu arbeiten, weil diese dann noch nicht durch das weiche Hirn so glitschig geworden ist, dass man mit der Leber ständig abrutscht. Hinterher einmassiert verhilft das Hirn der Leber auch, noch tiefer in das Gewebe vorzudringen.

Für das Einmassieren der Leber gilt alles, was für das Hirn bereits gesagt wurde. Auch hier ist es vorteilhaft, einen schweren Gegenstand zu benutzen, der die Stücke möglichst mühelos gleichermaßen zermalmen wie einmassieren kann. Manch einer erleichtert sich das Einmassieren, indem er Hirn und Leber vor dem Auftragen mit einem Küchenmixer püriert.

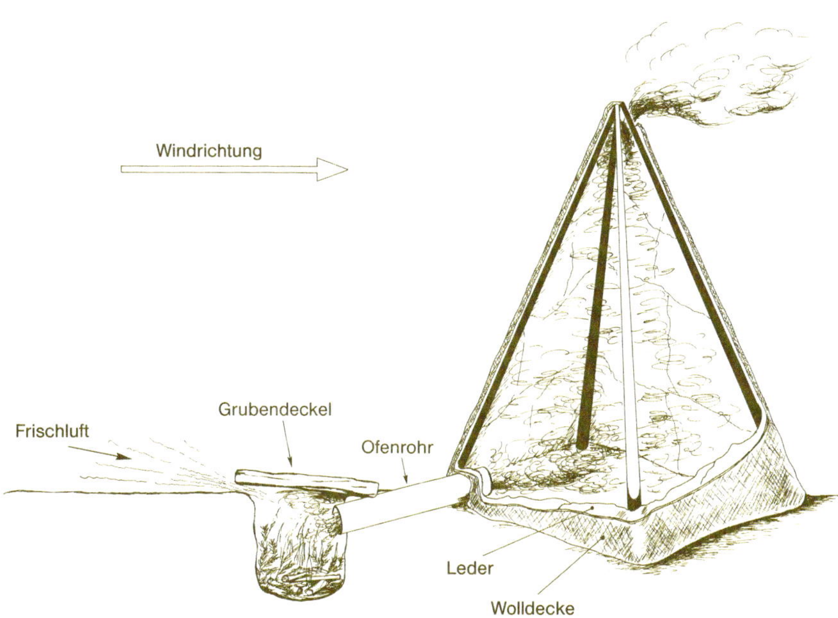


Aufbau eines Räucherzelts.

Wer keinen großen, glatt abgerundeten (Kiesel-)Stein zur Verfügung hat, sei wieder auf das Schraubdeckelglas verwiesen, das sich mit warmem Wasser füllen lässt, was einerseits das Gewicht erhöht und andererseits dazu beitragen kann, Gerbmasse und Haut möglichst lange warm zu halten. So lange alles warm ist, lassen sich Fette leichter einmassieren.

Vorsicht aber: Das Schraubglas sollte bei der Arbeit nicht unerwartet aufgehen, sich entleeren und die Gerbmasse verdünnen! Den Deckel also immer wieder auf festen Sitz kontrollieren oder sehr heißes Wasser einfüllen und zugeschraubt auf Handwärme abkühlen lassen – dann geht der Deckel nur noch sehr schwer auf.

Sobald auch die zweite Hautseite bearbeitet ist, trocknet man die Haut möglichst gleichmäßig. Wer sofort zum Weichmachen übergehen will, sollte die Haut nur antrocknen, also nicht mehrere Tage trocknen lassen.

## Tipp gegen Falten

Um zu verhindern, dass die Blöße sich verschiebt oder Falten wirft, kann die Haut am Tisch oder am Boden festgebunden werden (Foto Seite 73). Sobald die erste Hautseite möglichst alles an Leber und Hirn aufgenommen hat, muss die Haut umgedreht werden. Dafür müssen die Schnüre gelöst und in der neuen Position wieder festgezurrt werden. Steinzeitliche Kulturen haben ihre Häute in einem Rahmen gespannt (Seite 32) und auf dem Boden oder in etwa 30° Neigung aufgestützt bearbeitet. Der Vorteil: Die Haut muss nicht umgespannt werden. Man dreht einfach den Rahmen um. Der Nachteil: Der Gerber muss zum Einmassieren auf dem Boden kriechen oder sich auf dem Rahmen oder der Haut selbst abstützen.

## Das Räuchern des Leders

Hirngegerbte Leder werden geräuchert, um sie wasserfest zu machen. Das heißt nicht, dass sie wasserdicht werden, sondern dass sie nach dem Nasswerden wieder weich auftrocknen. Ungeräucherte Leder dieser Gerbart werden nach dem Trocknen hart. Durch erneutes Weichmachen werden sie wieder geschmeidig, aber wozu diese unnötige Arbeit?

Die Indianer Nordamerikas bauten – solange das möglich war – ihre Zelte aus den hirngegerbten Häuten der Bisons. Darin unterhielten sie ein Feuer, dessen Rauch ohne Kamin einfach durch die offene Zeltspitze abzog. Möglicherweise brachte dieses zunächst ungewollte Räuchern der Zeltbahn die Erfahrung, dass hirngegerbte Leder auf diese Weise wasserfest werden. Es spricht sehr viel für diese Annahme, denn der „Räucherofen", den die Traditionalisten bis heute verwenden, ist praktisch das Modell eines Indianerzeltes.

### Das Verfahren

Wer heute hirngegerbte Leder räuchern möchte, hat vielleicht einen Räucherschrank zur Verfügung, der eigentlich zur Fleisch- und Fischkonservierung gedacht ist. In solch einem Gerät lässt sich das Leder bis zu einer gewissen Größe natürlich auch räuchern. Sobald das Leder das Fassungsvermögen des Schrankes aber übersteigt, was schnell

Die Vorbereitung zum Räuchern. Noch sind Feuer und Zelt nicht abgedeckt.

erreicht sein kann, wird der Gerber auf die indianischen Räuchermethoden zurückkommen müssen. Kein Leder kann ernsthaft geräuchert werden, wenn es wie ein Stück Wäsche auf der Leine über dem Feuer hängt, denn der Rauch zöge wirkungslos vorbei. In dem Räucherzelt wird er verdichtet und muss unweigerlich das Leder erreichen.

Da das Leder aber bei zu hohen Temperaturen Schaden leiden kann, darf in den recht kleinen Zelten keine große Flamme brennen. Ein kurzes Aufflackern von wenigen Sekunden kann schon genügen, und das Leder schnorrt zusammen, wird dabei hart und ist ein für allemal zerstört.

Also lässt man die Räucherflamme lieber außerhalb des Zeltes brennen. Etwa 50 cm neben dem Zelt wird dafür eine Grube von 40 bis 50 cm Tiefe und 30 bis 40 cm Durchmesser ausgehoben. Von ihrem oberen Rand aus führt ein Ofenrohrstück in das Innere des Zeltes. Am besten wird es so verlegt, dass es zum Zelt hin eine leichte Steigung hat.

In der Grube wird über einem Knäuel Zeitungspapier zunächst sehr dünnes, etwas höher dickeres und ganz oben drei bis vier Finger dickes, trockenes Holz gestapelt, das sich leicht entzündet, wenn das Zeitungspapier angebrannt wird.

Dieses Brennholz soll in ausreichender Menge luftig gestapelt sein, dass es nach etwa 30 Minuten Brenndauer eine heiße Glut gebildet hat, auf die dann Material geworfen wird, das mit hoher

So soll das Räucherzelt qualmen.

Rauchentwicklung verglimmt. Geeignet sind vor allem nasses, morsches Holz und Rinden, Strauchwerk und Grasschnitt.

Sobald das Rauchzeug auf die Glut geworfen wurde, wird die Feuergrube mit einem großen Stein oder einem Eisendeckel verschlossen. Wer beides nicht zur Verfügung hat, kann auch einen nassen Jutesack darüberspannen, der zusätzlich mit feuchtem Sand bedeckt wird. Dabei muss man aber aufpassen, dass der Sack nicht trocken wird, sonst fängt er Feuer.

Der Rauch will von seiner Natur her direkt nach oben aus der Grube entweichen und nicht durch das Ofenrohr laufen. Trotzdem ist es falsch, zu versuchen, ihn dazu zu zwingen, indem man den Grubendeckel hermetisch abdichtet. Das würde nur mit einer erstickten Flamme enden. Man nutzt vielmehr den Wind, auch wenn er noch so leise über den Boden streicht. Der Grubendeckel wird dort, wo er gegen den Wind zeigt, leicht geöffnet, sodass der Luftstrom hineinziehen und die Glut nähren kann; in der Zeltspitze lässt man die vom Wind abgewandte Seite offen. Wenn der Wind über diese Öffnung hinweg streicht, reißt er die stehende Luft aus dem Zelt mit sich, es entsteht ein Zug wie in einem Kamin, und dieser Zug zieht den Rauch aus der Feuerstelle, in die gleichzeitig die Frischluft zur Deckelöffnung einströmt.

Nachdem das Feuer so einige Minuten gebrannt hat, wird das Ofenrohr-Zelt-System warm, und weil warme Luft ohnehin nach oben steigt, unterstützt sie noch die Zugwirkung des „Kamins". Jetzt kann man die Lufteinlassöffnung am Grubendeckel und die Kaminöffnung an der Zeltspitze so verkleinern, dass die Glut noch glimmen kann und der Rauch sich beim Abziehen im Zelt verdichtet. So wird das Leder schnell vom Rauch durchdrungen. Über das Zelt legt man noch alte Wolldecken, die es bis auf die Kaminöffnung in der Spitze abdichten. Je mehr Rauch aus der Zeltspitze dringt, desto besser; das weist auf dichten Rauch im Inneren hin.

Von Zeit zu Zeit fasst man in die Rauchöffnung hinein, um das Leder zu befühlen. Es darf ruhig sehr warm und feucht sein, das ist normal. Nur nicht so heiß, dass man sich die Finger sofort verbrennt, denn was der lebendigen Haut schadet, schadet der hirngegerbten im gleichen Maße.

Im Optimalfall, bei Verwendung besten Materials, kann das Räuchern schon nach einer Stunde beendet sein. Dann muss es aber wirklich tüchtig qualmen, sodass öfter die Zeltspitze als Öffnung nicht mehr ausreicht und der Rauch durch die Wolldecken dringt. Im Fall, dass nur wenig feuchtes Räuchergut vorhanden ist, dauert der Vorgang entsprechend länger, möglicherweise bis zu einem ganzen Tag.

Die Rauchmenge ist zu dünn, wenn es nur leicht aus der Spitze raucht, denn dann bleibt auch fast nichts an dem Leder hängen. Fertig ist das Räuchern, wenn das Leder ein sattes Braun zeigt, das als leichter Anflug noch auf der Außenseite zu erkennen ist.

Während Felle damit fertig sind, werden Leder umgedreht und auch von der anderen Seite ebenso lange geräuchert.

Wo das Leder auf den Zeltstangen aufgelegen hat, konnte es selbstverständlich nicht vom Rauch berührt werden. Um auch diese Stellen zu räuchern, wird das ganze Zeltsystem öfter gedreht, sodass die Stangen überall nur kurzzeitig anliegen und keine hellen Spuren hinterlassen.

Nach dem Räuchern sind die Leder und Felle weicher und geschmeidiger als vorher, weil der fette Ruß des Rauches sie noch einmal veredelt hat. Er macht sich auch bemerkbar, wenn das Leder jetzt nass wird, denn so stark man es auch unter Wasser wringt, wird ein Teil stets von ihm abperlen wie von einer Kunststofffolie. Der Großteil zieht aber doch ein, denn das Leder ist ja nicht wasser**dicht** geworden. Wasser**fest** aber schon, und man kann es unbeaufsichtigt auf die Leine hängen – es wird wieder weich auftrocknen.

Wer sein Leder allerdings regelmäßig total nass macht, sollte es immer wieder einmal räuchern, um die Wirkung wieder aufzufrischen – ganz so, wie im Tipi auch immer wieder ein Lagerfeuer brannte.

Das geräucherte Leder riecht natürlich stark nach Rauch, was bei der Benutzung störend wirken kann. Der Geruch verfliegt aber bald, wenn man das Leder einige Zeit luftig aufhängt.

## Tipp für Geruchsästheten

Wonach der Rauch und damit auch das geräucherte Leder riecht, lässt sich durch die Auswahl des Räucherwerks steuern. So riecht mit Nadelholz geräuchertes Leder etwas harzig, Birke teerig, Buche recht neutral. Vielfach Gefallen findet das Raucharoma von Wacholder.

# Die Chromgerbung

Die Chromgerbung ist eine „echte“ Gerbung und eignet sich gleichermaßen für die Leder- wie für die Fellbereitung. Als jüngste der fünf vorgestellten Gerbmethoden ist sie nicht durch gesammelte Erfahrungen vieler Generationen überliefert, sondern wurde Ende des 19. Jahrhunderts sozusagen chemisch konstruiert.

Damals war die pflanzliche Gerbung noch ersatzlos fast überall in Gebrauch, und die Nachfrage nach Leder stieg so hoch an, dass dringend ein Gerbstoff gefunden werden musste, der es ermöglichte, die begrenzten Ressourcen der pflanzlichen Stoffe zu entlasten. Die Chromgerbung kam wie gerufen und fiel trotz anfänglicher Schwierigkeiten bei der Industrie auf fruchtbaren Boden.

Nicht zuletzt unser konsum- und technikfreundlicher Zeitgeist, der den Umgang mit giftigen Stoffen aus wirtschaftlichen Aspekten nicht scheut, verhalf zur Überwindung der Schwierigkeiten. Sie bestanden vor allem darin, zuverlässige Gerbverfahren zu entwickeln, denn die wissenschaftlichen Ergebnisse der ersten praktischen Erfahrungen widersprachen sich immer wieder, sodass kein einheitliches Bild über den chemischen Ablauf in der Haut entstehen konnte.

Ein Grund für diese fatale Situation war die Parallele, die man von der pflanzlichen Gerbung zur Chromgerbung zog. So war jedermann bekannt, dass eine pflanzliche Gerbung mit einer geringen Gerbstoffkonzentration begonnen wird, die sich langsam steigert, um die Haut nicht totzugerben. Niemand kam auf die Idee, dass es sich mit der Chromgerbung anders verhalten könnte.

Der Grund für das unterschiedliche Reaktionsverhalten liegt in der Teilchengröße des Gerbstoffes. Je größer die Teilchen sind, desto höher ist die Gerbwirkung. In der Anwesenheit eines Chromgerbstoffes gibt das Wasser, das normalerweise teilchenverkleinernde Wirkung hat, Teile von sich an das Chrom ab, sodass dessen Teilchen größer werden und somit die gerbende Wirkung zunimmt. Bei der Chromgerbung wird die Reaktionsgeschwindigkeit also anders gesteuert.

Die Chrombrühe setzt sich im Wesentlichen aus den grünen, pulverförmigen Chromsulfaten und Wasser zusammen. Die Haut nimmt aber den Chromgerbstoff nur gut auf, wenn ihr eine Säure zugegeben wird, die wiederum erst in die Haut gelangen sollte, wenn sie über einen bestimmten Salzgehalt verfügt.

Die Gerbung erfolgt daher in drei Teilschritten, nämlich dem

- Saubermachen der vorbereiteten Haut, dem
- Durchdringen mit Chromgerbstoffen und dem
- Entfernen der überschüssigen Säure.

## Das Verfahren

Vorab eine Warnung: Der Umgang mit den für die Chromgerbung nötigen Chemikalien ist nicht ungefährlich. Der Sicherheit halber und aus technischen Gründen gilt die dringende Empfehlung an alle, die noch nie mit gefährlichen Chemikalien gearbeitet haben, die ersten Erfahrungen an einer sehr kleinen Haut zu machen.

Der verwendete Chromgerbstoff, „Chromosal“ von Bayer oder „Chromitan“ von BASF, ist im Chemikalienhandel, in Apotheken oder direkt in Gerbereien erhältlich.

Die im Folgenden beschriebene Anleitung bezieht sich nicht auf eine bestimmte Hautgröße, sondern auf das Volumen der Gerbflüssigkeit, die wiederum so bemessen sein sollte, dass die Haut bequem darin schwimmen kann. Andererseits aber – auch aus Kostengründen – sollte dieses Maß nicht in erheblichem Umfang überstiegen werden.

Als Gefäß für die Chromgerbung bietet sich ein Eimer oder eine Wanne aus Kunststoff an. Für ein Lammfell etwa benötigt man 10 l Wasser von einer Temperatur von 20–22 °C. Für den ersten Teilschritt der Gerbung wird in diesem Wasser 1 kg Kochsalz unter Umrühren aufgelöst. In der entstandenen Kochsalzlösung wird das Fell, nachdem es gut entfleischt wurde, völlig untergetaucht. Man rührt und drückt es, um die restliche Luft zu verdrängen und damit die Salzlösung überall die Haut benetzt und sie durchdringt.

Für etwa zwei Stunden verbleibt die Haut in dieser Lösung. Diese sollte, soweit es geht, ihre Temperatur halten; hierzu kann ein alter Trick hilfreich sein: Man bringt im Wasserbad erhitzte Backsteine als „Tauchsieder“ in das Gerbgefäß ein, die den Wärmeverlust ausgleichen können. Aber die Haut darf dabei nicht zu heiß werden, um keinen Schaden zu erleiden. Wer sicher gehen will, prüft mit der eigenen Hand die Temperatur in Steinnähe; was der lebendigen Haut zu heiß ist, schadet auch der abgezogenen.

Nach der Einwirkzeit in der Salzlösung entnimmt man dem Gefäß 2 l derselben und vermischt sie mit einer Tasse Essig oder einer halben Tasse Ameisensäure.

Diese saure Lösung wird zu der ursprünglichen wieder zurückgeschüttet, alles verrührt und gemischt, und darin verbleibt das Fell einen Tag lang, damit sie sich gleichmäßig im Fell verteilen kann. Danach ist das Sauermachen der Haut vollzogen, und der Gerber kann sich dem zweiten Arbeitsschritt, dem Durchdringen der Haut mit Gerbstoff, zuwenden.

Dem saueren Bad entnimmt man wieder 2 l Flüssigkeit und löst darin bei etwa 22 °C 100 g Chromgerbstoff auf. Das grüne Kristallpulver färbt die Lösung schnell durch, die auch wieder, wie im ersten Schritt, unter Umrühren in das Gerbgefäß zurück gegossen wird.

Bei dem hier beschriebenen Beispiel eines Lammfells, das zwischen 3 und

## Sicherheitshinweise

Bei allen Arbeiten müssen strenge Sicherheitsvorkehrungen beachtet werden, um Personen-, Sach- und Umweltschäden zu vermeiden. Dazu gehört das Tragen von wasserdichten Gummihandschuhen, das Verwenden von säurefesten Behältern (keine Metallgefäße, sondern Glas oder bestimmte Plastiksorten) und das umweltgerechte Entsorgen der Abwässer. Sie dürfen weder in den Boden noch in die Kanalisation gelangen.
Vorsicht vor Spritzern auf der Haut oder in die Augen. Sie müssen sofort mit viel Wasser abgewaschen werden; in schlimmen Fällen einen Arzt aufsuchen, der über die verwendeten Chemikalien informiert werden muss.

5 bis maximal 10 kg Nassgewicht hat, macht das Zuschütten des Gerbstoffes keine Probleme. Bei größeren Häuten aber, die erheblich mehr Flüssigkeit und mehr Gerbstoff beanspruchen, wird die Gerblösung in zwei Anteilen mit einem Tag Abstand zugegeben. In jedem Fall muss der Gerbstoff gut verrührt werden.

In seiner Gerblösung bleibt das Fell 2 bis 4 Tage und wird täglich zweimal 10 Minuten lang mit einem Holzstab und Gummihandschuhen bewegt.

Wie bei der vegetabilen Gerbung werden auch hier vom Fell kleine Randstreifen abgeschnitten, um an den Schnittkanten zu erkennen, ob die Haut durchgegerbt ist. Während das in den ersten zwei Tagen kaum notwendig ist, sollte dieser Test aber an jedem der darauf folgenden Tage durchgeführt werden. Spätestens nach sechs Tagen müssen auch dicke Häute im gesamten Querschnitt graugrün durchgefärbt sein.

Sobald die Haut durchgefärbt ist, ist sie auch vom Gerbstoff durchdrungen, und der dritte Teilabschnitt der Chromgerbung, das Entfernen der überschüssigen Säure, kann beginnen. Dieser Schritt muss behutsam vor sich gehen, damit nicht auch die wertvollen Gerbstoffe, die sich erst noch im Hautgefüge festigen müssen, mit ausgespült werden.

Man löst 1 Esslöffel Soda oder Backpulver (Natriumbikarbonat $NaHCO_3$) in 1 l warmem Wasser und gibt diesen langsam zu dem Fell. Dabei entsteht eine leichte Trübung in der Flüssigkeit. Sobald der ganze Liter zugegeben ist, beginnt man intensiv umzurühren, bis die Trübung dünn wird oder ganz verschwindet, also die Säure mit dem Natriumbikarbonat reagiert hat. Man lässt das Fell darin über Nacht stehen.

Am nächsten Morgen erfolgt ein letztes Mal eine Zugabe von ein paar Litern warmen Wassers, und das Fell wird darin gründlich durchgeknetet. Das darf 15 Minuten dauern.

Abschließend wird das Fell über einem Holz aufgehängt, sofern vorhanden, das Haarkleid nach außen, die Fleischseite nach innen, und die Flüssigkeit tropft in das Gerbgefäß zurück. So lässt man die fertig gegerbte Haut einen Tag, je nach Witterung etwas kürzer oder länger, hängen, dann haben sich die Gerbstoffe in der Haut gefestigt. Das Leder ist nun zum Trocknen, Nachfetten und Weichmachen bereit.

## Hartes oder weiches Leder

Mit der Chromgerbung lässt sich das Fell wie das Leder gleichermaßen weich und lappig oder auch fest und steif herstellen, je nachdem, wie man es später verwenden möchte. Steuerbar ist diese Ledereigenschaft durch die Menge der zugegebenen Säure. Die hier beschriebenen Mengen führen zu einem mittelweichen Leder, aus dem weiches Schuhobermaterial oder derbe Kleidung hergestellt werden kann. Mit geringeren Säurezugaben werden die entstehenden Leder weicher, durch höhere härter.

Im Einzelfall hängt die erreichte Geschmeidigkeit neben der Säuremenge natürlich auch von anderen Faktoren ab, nicht zuletzt von der Gewissenhaftigkeit bei der Gerbung. Je mehr und gründlicher gewalkt wird, desto besser verteilen sich die Stoffe in der Haut, desto edler wird also das Leder. Letztendlich gilt das für jede Gerbung, sodass mit zunehmender Erfahrung die Ergebnisse vorhersehbarer und befriedigender werden. Das Gerben ist ein Handwerk wie das des Bäckers oder Schreiners, und alle haben sie gemeinsam, dass noch kein Meister vom Himmel gefallen ist.

## Das Fetten der Leder

Fetten kann man alle Leder, die nach den beschriebenen Rezepten gegerbt wurden, und sie gewinnen dabei an Qualität. Alaun- und chromgegerbte Leder müssen in jedem Fall gefettet werden, um weich und schmiegsam zu werden.

Prinzipiell eignet sich dazu für alle Ledersorten eine nachträgliche Fettgerbung (siehe unten und ab Seite 85). Für das Weichwerden ist es unwesentlich, ob es sich um eine „echte" oder eine „unechte" Gerbung handelt. Allerdings macht letztere weniger Mühe.

Wer möglichst wenig Arbeit haben möchte und auf Wasserbeständigkeit keinen Wert legt, sollte mit Glycerin nachfetten.

Sehr gut lässt sich Glycerin in flüssiger Form handhaben: Man legt die Felle, nachdem sie abgetropft sind, mit der Haarseite nach unten flach ausgebreitet auf einen Tisch und bestreicht die Fleischseite (bei Ledern beide Seiten) reichlich damit, solange sie feucht sind.

Während des Trocknens massiert man etwas nach, und das Glycerin zieht im gleichen Maß in die gegerbte Haut ein, wie das Wasser aus ihr verdunstet. Bevor sie aber ganz trocken ist, beginnt man das mechanische Weichmachen, wie es für alle Leder gilt.

Eine wasserfeste Nachfettung, die allerdings auch einen höheren Arbeitsaufwand erfordert, lässt sich folgendermaßen durchführen: Prinzipiell eignet sich jedes Fett, gleich, ob tierisch, pflanzlich oder mineralisch. Besonders gut aber ist das ausgelassene Fett aus der Bauchhöhle des geschlachteten Tieres (Achtung, das Fett erwachsener, männlicher Tiere – vor allem das von Böcken – riecht nach ihnen. Wer das vermeiden möchte, benutzt lieber nicht deren Fett). Es wird, nachdem es erkaltet und sauber weiß ist, mit einem Spachtel auf die Fleischseite der Felle oder auf beiden Seiten der Leder nicht zu sparsam auf-

### Glycerin

Glycerin ist ein wasserlöslicher, ölartiger Stoff, den man recht preiswert in Apotheken und Drogerien kaufen kann. Es ist ein natürlicher Bestandteil der Haut, weshalb es auch in der Kosmetik verwendet wird.

Leder wird durch Glycerin weich, weil es als Fettfilm die Hautfasern umschließt und sie nicht miteinander verkleben lässt. Weil das Glycerin aber wasserlöslich ist, lässt sich der Fettfilm von der Lederfaser wieder „abwaschen", sodass nach einem kräftigen Durchnässen der weichmachende Effekt wieder verloren ist.

Das Fetten eines Alaun-Felles mit flüssigem Glycerin – noch vor dem mechanischen Weichen.

getragen. Bei dieser Gelegenheit kann der Interessierte ausprobieren, wie angenehm dieses Fett in die eigene Haut eindringt – garantiert ohne chemische Zusätze und unverpackt.

Das Leder oder Fell wird nach dem Fettauftrag auf den Gerberbaum gelegt. Mit einem stumpfen, am besten sogar runden Arbeitsgerät, zum Beispiel einem Holzstab ohne Kanten, walkt man das Fett aus Leibeskräften in die Haut ein.

Sehr bequem ist es, wenn das Holz etwa so breit wie die Schultern des Gerbers ist. Mit voll aufgestütztem Gewicht bewegt man es stets in Richtung Fußpunkt des Gerberbaums, während ein Zipfel des Leders zwischen Gerber und Baum geklemmt ist (ab Tab. Seite 38). Das Leder kann bei der Arbeit mehrmals in beliebige Richtungen gedreht werden. Nach etwa ein- bis zweistündiger Arbeit ist das Fett in das Leder gewalkt, es bleibt weich und wasserfest.

# Die Mischgerbung

Die Mischgerbung ist eine Kombination aus meist zwei verschiedenen Gerbungen. Das Leder nimmt dabei Eigenschaften beider Gerbungen an, sodass ein individuelles Produkt entsteht. Hier bietet sich also die Möglichkeit, durch geschickte Kombination ein Leder herzustellen, das ganz den eigenen Wünschen entspricht.

Auch die Industrie bedient sich dieser Möglichkeit und kann so Materialien von beliebiger Weichheit, Wasserbeständigkeit, Robustheit oder jeder denkbaren Variante auf den Markt bringen.

Wenn auch der Handgerber nicht über alle Mittel verfügt, die für industriell hergestellte Leder angewandt werden, hat er mit den beschriebenen Rezepten doch eine beachtliche Bandbreite an Kombinationsmöglichkeiten. In der Mischgerbung können „echte" und „unechte" Verfahren kombiniert werden; ebenso wasserlösliche und fettige. Wasserlösliche kommen dabei vor den fettigen, damit in der Haut nicht ein Stoff den anderen abstößt.

Einen Überblick über die Gerbungen und ihre Kombinationen geben die beiden folgenden Tabellen. Die erste Tabelle zeigt die einzelnen Methoden, ihren Schwierigkeitsgrad, die Anwendungsbereiche und die Eigenschaften, die sie auf das Leder übertragen. Die zweite Tabelle vermittelt ein grobes Bild über die Kombinationsmöglichkeiten, welche Ergebnisse zu erwarten sind, und welche Mischung eher unsinnig ist. Selbstverständlich ist die Palette der Möglichkeiten praktisch unerschöpflich groß und bietet jedem Gerber die Chance, seine Lederzubereitung zu entwickeln.

### Welche Gerbung bewirkt was?

Vegetabile Gerbungen verleihen dem Leder Robustheit, oft auch eine bräunliche Farbe. Fettgerbungen machen die Haut geschmeidig und weich sowie wasserabstoßend. Alaun gerbt ohne viel Aufwand farblos und wasserempfindlich Felle und Leder. Die Hirngerbung, die ökologischste Methode, gehört zur Fettgerbung und entspricht in der erreichbaren Weichheit dieser; wasserfest macht sie das Leder aber erst in Kombination mit dem Räuchern. Die Chromgerbung schließlich lässt ein graublaues, wasser- und hitzefestes Leder entstehen, das zweifellos das pflegeleichteste ist.

## Gerbmethoden, Aufwand und Ergebnisse im Vergleich

| Gerbart | Beschaffung, Entsorgung Preis des Gerbmaterials | Äscher und Beize für Leder | Äscher und Beize für Felle | Gerbung geeignet für Leder | Gerbung geeignet für Felle | Arbeitsaufwand | Schwierigkeitsgrad |
|---|---|---|---|---|---|---|---|
| vegetabil | ohne große Schwierigkeiten; preisgünstig | sehr wichtig | vegetabile Gerbung kaum geeignet | ja | kaum | mittel | nicht ohne genaue Beobachtung des Prozesses möglich, aber für Anfänger geeignet |
| Hirn | problemlos; billig | möglich, aber kein Muss | große Gefahr, dass Haare ausfallen | ja | ja | nicht gering; bei dicken Häuten hoch | gering |
| Fett „echt“ | Entsorgung problemlos; Preis kann hoch sein | sehr wichtig | „echte“ Fettgerbung kaum geeignet | ja | kaum | nicht gering | vor allem bei der Oxidation hoch |
| Fett „unecht“ | problemlos; billig | erleichtert die Arbeit sehr | große Gefahr, dass Haare ausfallen | ja | ja | je nach Hautdicke und Fett mittel bis groß | gering |
| Alaun | problemlos; preisgünstig | sehr hilfreich | große Gefahr, dass Haare ausfallen | ja | ja | sehr gering | sehr gering |
| Glacé | problemlos; Preis nur für kleine Häute günstig | sehr hilfreich | große Gefahr, dass Haare ausfallen | ja | kaum | mittel | für Anfänger u. U. zu hoch |
| Chrom | leicht; Anfrage beim zuständigen Klärwerk; Preis recht hoch | sehr hilfreich | große Gefahr, dass Haare ausfallen | ja | ja | mittel | nicht sehr hoch |

| Gerbdauer | Qualität | wasserfest | geeignet für kleinste Häute (Kanin) | geeignet für Häute halbwüchs. Lämmer/Kitze | geeignet für ausgewachs. Schafs-, Ziegen-, Rot-, Damwildhäute | geeignet für Häute von Kälbern/größeren Tieren |
|---|---|---|---|---|---|---|
| 4 Wochen | abriebfest, je nach Bearbeitung hart oder weich, robust | ja | machbar | gut | sehr gut | sehr gut |
| 2–3 Tage, oft 1 Woche | je nach Zubereitung weich und zart oder steif und robust | nur, wenn geräuchert oder nachgefettet wurde | sehr gut | sehr gut | sehr gut | gut |
| 6 Wochen bis 3 Monate | sehr weich, dehnbar, anschmiegsam, saugt Wasser auf | ja | sehr gut | sehr gut | machbar | machbar |
| wenige Tage | weich, etwas dehnbar | ja | sehr gut | sehr gut | machbar | machbar |
| etwa 2 Wochen | weich, dehnbar | nein | sehr gut | sehr gut | sehr gut | sehr gut |
| etwa 1 Woche | sehr weich, griffig, dehnbar, empfindlich | nein | sehr gut | sehr gut | nicht sehr gut | kaum machbar |
| 1 Woche | steif oder weich, griffig, elastisch | ja | sehr gut | gut | machbar | machbar |

**Kombinationsmöglichkeiten einzelner Gerbmethoden**

| | Alaun | Fett „unecht“ | Fett „echt“ | Hirn |
|---|---|---|---|---|
| Alaun | | 1. Alaun, 2. Fett, Alaun gerbt, Fett macht geschmeidig.<br>Öko 2,<br>F, L | Möglich, aber ungewöhnlich, weil bei der „echten“ Fettgerbung ohnehin Leder entsteht. Alaun ist unnötig.<br>Öko 2,<br>L | Ungewöhnlich, da Hirn und Alaun ähnliche Ledereigenschaften bewirken, eventuell zum Nachweichen sinnvoll.<br>Öko 2,<br>F, L |
| Fett „unecht“ | | | Ergibt ein schwaches „echtes“ Gerben, weil die gerbenden Stoffe mit nichtgerbenden verdünnt werden.<br>Öko 2,<br>L | Sehr weiches, unter Umständen wasserabstoßendes Leder, das aber viel Arbeit macht.<br>Öko 1,<br>F, L |
| Vegetabil | 1. veg., 2. Al., oft braunes, weiches und robustes L, F,<br>Öko 2<br>Diese Kombination ist allerdings nicht sehr sinnvoll. | 1. veg., 2. Nachfetten; weiches, robustes, meist wasserfestes Leder.<br>Öko 2 | Ungewöhnlich, weil unnötig hoher Arbeitsaufwand. Wie veg. plus „unecht“ Fett.<br>Öko 2 | 1. veg., 2. Hirn, weiches L., das aber nicht wasserfest ist, bzw. geräuchert werden muss.<br>Öko 2 |
| Chrom | Alaungerbung, Nachgerbung mit Chrom macht wasser- u. hitzefest.<br>L, F | 1. Chrom, 2. Nachfetten; macht besonders weich und wasserfest.<br>F, L | Ungewöhnlich, weil unnötig hoher Arbeitsaufwand. Besser Chrom mit „unecht“ Fett. | Bewirkt ein Nachweichen, aber nicht wasserfest bzw. muss geräuchert werden.<br>L, F |

L = Leder; F = Fell; Öko 1 = ökologisch einwandfrei, ohne Abwasserbelastung; Öko 2 = mit geringer Abwasserbelastung; ohne Vermerk = nicht unbedenklich; veg. = vegetabil; Al. = Alaun

# Nacharbeiten

# Das mechanische Weichmachen der Leder

Wenn in diesem Kapitel von Leder die Rede ist, sind auch Felle gemeint. Es interessiert hier nicht, ob die Stücke behaart oder unbehaart sind, denn weich gemacht wird in jedem Fall natürlich nur die Haut. Felle werden nur auf der Fleischseite mechanisch behandelt, um die Haare nicht zu beschädigen, während nackte Leder beidseitig zu behandeln sind.

Das Weichmachen ist wohl das anstrengendste Kapitel für den Freizeitgerber. In der Geschichte der Gerberei suchten die Menschen daher schon sehr bald nach Werkzeugen, die diese mühsame Tätigkeit erleichtern sollten. Es entstanden auch Vorrichtungen und Maschinen; sie alle aber wurden für das Weichmachen im großen Rahmen erst mit der Erfindung der Motorkraft eine echte Hilfe.

Diese Maschinen jedoch sind groß, schwer und teuer – der Freizeitgerber wird sie sich kaum leisten, die Anstrengung bleibt also ihm selbst. Der Gerber hat jedoch einen Spielraum, seine Kräfte und Arbeitszeit einzuteilen. Aus dem Spaß am Gerben braucht also keine Tortur zu werden. Das einzige, was daraus werden soll, ist ein so weiches Leder, wie man es sich vorgestellt hat.

## Vorbereitung

Eine weitere Erleichterung kann die Form des Leders bringen. Es so zu verarbeiten, wie es vom Tier kommt, ist die schwierigste Weise, die für den Einsteiger nicht empfehlenswert ist. Die Beine und auch der Schwanz können beim

### Tipp für den Einsteiger

Wem es nur auf die Lederfläche am großen Stück ankommt, die auch den eigentlichen Wert darstellt, der sollte zumindest für seine ersten Erfahrungen die Extremitäten so zurückschneiden, dass sie nur noch andeutungsweise aus den Flanken hervortreten. Diese annähernd rechteckige Form ist überschaubar und lässt sich als ein Stück handhaben. Die entstandene Hautform gleicht dann in etwa dem weltbekannten Zeichen für „Echtes Leder“.

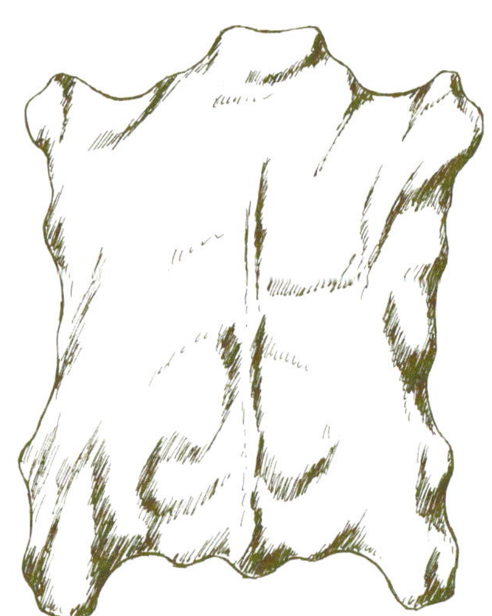

Die klassische Lederform ist beim Weichmachen besonders „bedienungsfreundlich“.

Weichmachen sehr hinderlich sein, einerseits, weil sich diese herabhängenden Lederteile dauernd verknoten, andererseits, weil sie jeweils als eine eigene Fläche bearbeitet werden müssen.

## Der richtige Feuchtigkeitsgehalt

Zum Weichmachen muss das Leder ganz leicht feucht sein. Am einfachsten passt man dazu die letzte Phase der Trocknung direkt nach der Gerbung ab. Das Leder soll dann zwar so trocken wie möglich sein, darf aber noch nichts von seiner Geschmeidigkeit eingebüßt haben. Das heißt, es gibt noch genauso in der Länge nach wie die frische Haut und kann zwischen den Fingern gespielt werden. Jede Bewegung geht es mit, ohne weite Falten zu werfen oder zu hindern.

Dabei ist das Leder höchstens noch so feucht wie ein kräftig ausgewrungenes Tuch. Seine Farbe ist auf der gesamten Fleischseite bei den farblosen Gerbarten einheitlich weiß, bei den anderen entsprechend grünlich oder bräunlich.

Das Auftreten von vereinzelten braunen Flecken ist ein Zeichen, dass das Leder gerade dabei ist, über diesen Punkt hinaus zu trocknen. Diese ersten Flecken sind aber nur ein Alarmsignal und haben noch keine unbedingten Auswirkungen auf das fertige Leder. Spätestens jetzt beginnt das Weichmachen, und beim anschließenden Ziehen und Strecken verschwinden diese Stellen wieder.

An den weißen Ledern sind Verfärbungen natürlich am besten sichtbar. Wenn irgendwo bräunlich transparente Flecken auftreten, die beim Bewegen schon knistern, ist das Leder dort zu trocken geworden und verklebt. Solche Stellen gewaltsam weich zu machen, ist in der Regel nicht nur unnötig anstrengend, denn sie werden ohne erneutes Anfeuchten nicht mehr richtig weich, sondern es schadet auch. Nur zu schnell reißen Felle – besonders Schaffelle – an solchen Trockenflecken ein.

Beginnt man das Weichmachen zu früh, wenn die Haut noch feuchter ist, als sie sein müsste, tut ihr das keinen Schaden an. Nur der Gerber ist unnötig beschäftigt, denn das Weichmachen muss so lange fortgesetzt werden, bis das Leder völlig trocken ist. Hört man vorher damit auf und das Leder trocknet danach noch weiter, war die Mühe umsonst: Das Leder wird dennoch hart oder zumindest härter, als es sein müsste. Dieser Fehler lässt sich zwar durch Anfeuchten der Haut wieder gutmachen, wodurch diese leichte Verleimung verschwindet, das bedeutet aber, dass die ganze Arbeit wieder von vorne beginnt.

Das alles heißt aber nicht, dass pausenlos gearbeitet werden muss. Im Gegenteil, das Weichmachen kann immer wieder, beliebig oft, unterbrochen werden. Das Leder wird dann in eine Plastiktüte gewickelt, damit es nicht unbe-

### Längere Unterbrechungen

Für längere Pausen von einer Stunde und mehr ist es ratsam, das Leder in der Tüte kaltzustellen. Für alle, die es nicht in den Kühlschrank legen wollen oder können, folgender Tipp: Die Tüte, in der das Leder eingewickelt ist, muss absolut wasserdicht sein. Man bindet sie zu, legt sie in einen Eimer, sodass ihre Öffnung über den Eimerrand hinausragt, und füllt den Leerraum mit nassem Sand. So kann das Leder über Tage kühl bleiben. Nasser Sand eignet sich besser als pures Wasser, weil darin die Tüte nicht schwimmen kann.

in dieser Tüte wird die Haut gekühlt

feuchtes Sägemehl

Unterbringung des Leders bei längeren Pausen.

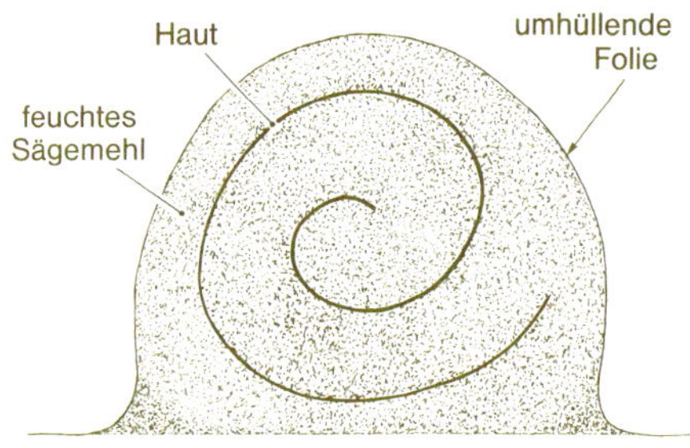


Richtiges Einrollen des Leders zum Anfeuchten.

arbeitet weitertrocknet. Schon bei Unterbrechungen von wenigen Minuten sollte das gemacht werden.

Getrocknete Leder müssen zum Weichmachen wieder angefeuchtet werden. Dazu ist es meistens nicht nötig, sie in Wasser zu legen. In der Regel genügt es, sie wie eine Roulade mit feuchtem Sand, Sägespänen oder nassen Tüchern einzuwickeln und diese Lederrolle selbst auch noch in feuchtem Sand zu vergraben.

Am besten eignet sich sauberer Bausand, denn man will ja keine Schlammspuren im Leder wieder finden. Dabei muss der Sand nicht im Wasser schwimmen, es genügt völlig, ihn wie Mörtel anzufeuchten und mehrere Tage auf das Leder einwirken zu lassen. Feuchter Sand oder Sägemehl eignen sich besser als feuchte Tücher, weil sie das Leder gleichmäßiger durchfeuchten.

Feucht genug ist das Leder, wenn es sich geschmeidig bewegen lässt und alle bräunlichen Stellen verschwunden sind oder dann verschwinden, wenn sie gedehnt werden. Ein Leder, das sich überhaupt nicht dehnen lässt, ist noch zu trocken.

Andererseits sollte es nicht zu nass werden, denn sonst müsste man es ja noch einmal antrocknen lassen, bis es den optimalen Feuchtigkeitsgrad für das Weichmachen erreicht hat. Am zu nassen Leder würde sich die Arbeit, wie gesagt, nur unnötig in die Länge ziehen. Auch deshalb ist die Anfeuchtmethode mit Sand oder nassen Tüchern im Allgemeinen besser als direkt mit Wasser. Mit etwas Übung erkennt jeder den günstigsten Zeitpunkt für den Beginn des Weichmachens sehr schnell.

Der nach dem Aufwickeln der „Feuchtroulade" am Leder anhaftende Sand oder das Sägemehl sollte natürlich nicht mit Wasser entfernt werden, um das Leder nicht wieder unnötig feucht zu machen. Es genügt, das Leder so gut es geht abzureiben; alle danach noch verbleibenden Spuren werden beim anschließenden Weichmachen automatisch beseitigt.

## Das Prinzip des Weichmachens

Das Leder wird, während es (wieder) trocknet, abwechselnd nach allen Richtungen gestrafft und in Bewegung gehalten, damit die einzelnen Hautfasern nicht miteinander verkleben können. Verklebte Fasern kann man mit einer Pressspanplatte vergleichen. Sie werden nach dem gleichen Prinzip hart. Ein weich getrocknetes Leder hingegen stelle man sich als ein in alle Dimensionen beweglich gegeneinander verknüpftes Gewebe aus Kettengliedern vor. Es ist von großer Haltbarkeit, aber aufgrund der wenigen Reibungspunkte sehr schmiegsam.

Um das zu erreichen, sucht man Arbeitsweisen, die analog diesem Prinzip Zug und Bewegung in sich vereinen. Das Verhältnis von Zug und Bewegung bietet dem Gerber die Möglichkeit, die entstehende Elastizität des Leders zu steuern. Je nachdem, welchen Grad von Weichheit man erreichen möchte, betont man nur das Ziehen oder zieht mit Bewegung und bearbeitet so das Leder gleichmäßig.

Beim Strecken muss besonders die Rückgratlinie beachtet werden. Hier ist das Leder am dicksten, und hier zieht es sich beim Trocknen auch am stärksten zusammen. Wenn nun diese innerste Bahn der Lederfläche zur kleinsten Länge geschrumpft ist, schlagen die Flankenstücke um sie herum natürlich Wellen. Das Leder wird also nie plan auf einer Tischplatte liegen können.

Um dem vorzubeugen, muss die Rückgratlinie beim Trocknen stets besonders gestrafft werden, bis sie von gleicher Länge ist wie die Außenseiten und keine Wellen mehr entstehen. Das Weichmachen ist also sowohl für die Form als auch für den Charakter des Leders ein ebenso wichtiger Faktor wie die Gerbung selbst.

## Walken

Leder, die vor der Gerbung nicht durch Kalkäscher und Beize aufgeschlossen wurden, sind in der Regel im angefeuchteten Zustand noch steifer als aufgeschlossene.

Für sie empfiehlt es sich, vor dem Strecken und Bewegen noch ein Walken durchzuführen, wie es für das Walken der Glacéleder beschrieben ist (ab Seite 65): Das Leder wird in zwei robuste Plastiktüten verpackt, auf einen ebenen Boden, der keine scharfen Spitzen hat, gelegt und etwa 30 Minuten lang „betanzt“. Selbstverständlich kann das Leder auch von Hand vorgewalkt werden. Dazu legt man es mit der Fellseite nach unten auf einen Tisch und faltet es einmal in der Mitte. Den dabei entstehenden Falz drückt man mit dem Walkholz, einem Werkzeug aus alten Zeiten, zusammen.

Man hält das Brett mit beiden Händen an den Griffen und drückt es auf den Falz auf, wobei zu dem Druck noch eine Bewegung hinzukommt: Es wird so

### Das Walkholz

Als Walkholz eignet sich ein festes Brett, das etwa 20 cm breit und 80 bis 100 cm lang ist. Vorne und hinten hat es einen Griff zum kräftigen Anfassen, Zapfen etwa wie ein Hobel oder starke Seilschlingen.

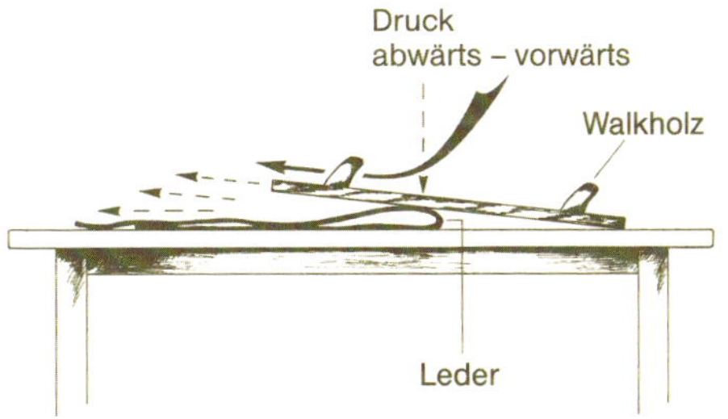

So wird mit dem Walkholz gewalkt.

vorwärts geschoben, dass der Falz „mitrollt“, sodass nacheinander eine ganze Bahn der Haut gewalkt worden ist.

Nach jeder gewalkten Länge beginnt man eine neue Bahn daneben, dasselbe beginnt von neuem, und nach dieser die nächste, bis alle Stellen der Haut einmal gewalkt worden sind. (Haarlose Leder werden, wie gesagt, beidseitig behandelt.)

Dieses Walken ist bei größeren Häuten, die nicht mehr in eine Tüte passen, die angebrachte Methode. Mit zunehmender Hautdicke wird es natürlich immer schwerer.

## Strecken und ziehen

Anschließend beginnt das Weichmachen, wie es für alle Leder gleichermaßen gültig ist. Zunächst wird die Haut an Hals- und Schwanzende genommen und kräftig gestreckt. „Kräftig“ ist selbstverständlich relativ. Eine Kaninchenhaut ist wesentlich dünner als die eines Kalbes. Entsprechend wird die eine mit nachhaltigem Zug beider Hände vorsichtig gedehnt; die andere kann ungeahnten Spannungen standhalten. Entlang der Wirbelsäulenlinie können an einem Kalbsleder durchaus zehn Mann tauziehen, ohne dass es in Gefahr ist, zu zerreißen. Im Rücken ist jede Haut kräftiger als in den Flanken.

Auch von der Gerbung hängt es ab, welchen Belastungen ein Leder ausgesetzt werden darf; im Zweifelsfall sieht man besser in der Tabelle über die Eigenschaften der verschiedenen Gerbungen nach (ab Seite 86), bevor einen die ersten zerrissenen Häute belehren, dass zu kräftig vorgegangen wurde.

Nachdem die Rückenlinie nun gestreckt ist, streckt man parallel zu ihr genauso auch beide Flanken, was bei zarten Ledern nach außen hin mit ab-

Bis zu dieser Größe kann eine Haut von einer Person gedehnt werden.

nehmender Zugkraft geschehen sollte. Bei diesem Dehnen wird die Form des Leders länglich. Um sie wieder in die natürlichen Umrisse zu bringen, dehnt man es auf die gleiche Weise quer zur Rückenlinie über die ganze Fläche.

Während Leder bis zu halbwüchsiger Bockgröße normalerweise von einem Erwachsenen alleine gedehnt werden können, sollten bei größeren Stücken mehrere Leute zusammenarbeiten. Eine Bockshaut hält mehr Zug aus, als zwei Männer aufbringen können, es sei denn, man versucht, einen natürlichen Winkel, wie er beispielsweise zwischen Hals und Vorderbein besteht, geradezuziehen. Hier reißt das Leder – mitunter völlig geräuschlos – vom Rand her ein. Es ist besser, nur längs und quer zur Wirbelsäulenlinie zu ziehen.

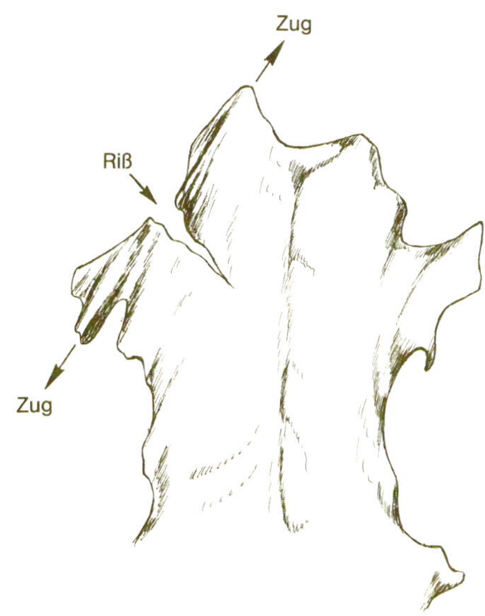


Übt man auf diese Art und Weise Zug aus, entstehen leicht Risse.

## Stollen

Nach diesem Dehnen beginnt der Arbeitsschritt des „Stollens". Dieser darf gerne durch weitere Dehnungen, wie oben beschrieben, unterbrochen werden.

Das Stollen ist eine traditionell europäische Methode, Leder weich zu machen. Als Vorrichtung dazu dient ein schmales, etwa 15 mm starkes, scharfkantiges Brett von beliebiger Länge, das quer zum Gerber und mit der Kante nach oben in bequemer Arbeitshöhe von zwei Pfosten fest gehalten werden sollte.

Über dieses Stollbrett wird das Leder, so kräftig man es ihm zumuten kann, gerieben. Dabei werden noch anhaftende Unterhautreste, Sehnen sowie Spuren des feuchten Sandes automatisch entfernt, das Leder wird gesäubert und geebnet. Mit dem Brett kann ein weiches Leder auch dünn geschabt werden. Während das bei dicken Häuten erwünscht sein kann, besteht bei von Natur aus dünnen Ledern die Gefahr, sie kaputtzumachen. Auch hier muss man also bei dünnem Leder besonders aufpassen.

Man beginnt mit dem Reiben ebenfalls auf der Rückgratlinie und arbeitet sich nach außen zu den Flanken vor. Der Grund für diese Reihenfolge liegt in der erstrebten Anpassung der Stollbewe-

### Optimales Stollen

Beim Stollen über dem Brett sollte dem Gerber eine wichtige Technik vertraut sein, ohne die kein Leder richtig weich wird: Die Zugbewegung sollte in jede denkbare Richtung vollzogen werden, also ebenso längs wie quer wie schräg – am besten gleichzeitig. Und auch wenn dieses Ideal unerreichbar bleibt, kann man sich ihm doch annähern.

gung an das natürliche Trocknungsverhalten des Leders. Es soll ja stets dort weich gemacht werden, wo es gerade trocknet.

Die Annahme, mit dem Stollen müsse außen begonnen werden, weil jeder Körper von außen nach innen trocknet, ist falsch. Vielmehr entstünde gerade aus diesem Grund ein Rennen mit der Zeit, das eigentlich nicht zu gewinnen ist. Wo das Fell gerieben wird, trocknet es nämlich durch die entstehende Wärme und Luftbewegung schneller. Würde das Reiben nun außen begonnen, wo das Leder sowieso schneller trocken ist als in der Mitte, wäre die Mitte noch unverändert feucht, während der Rand längst trocken ist.

Beginnt man mit dem Reiben jedoch in der Rückenpartie, wird ihre Trocknung dadurch beschleunigt, die Differenzen zwischen innen und außen ausgeglichen, und das Leder wird nahezu gleichmäßig trocken und gleichzeitig weich.

Das Leder wird an drei Punkten gehalten. An einem Ende von beiden Händen, die es quer über das Stollbrett ziehen, und am anderen durch eine Klemmvorrichtung oder einfacher durch den Gerber selbst, der sich auf dem solide montierten Brett auf das Leder setzt und es so mit seinem Körpergewicht festhält.

Beim Querstollen versuchen die Hände dann, das Leder unter dem Klemmpunkt herauszuziehen, wodurch es die gewünschte Längsdehnung erfährt. Der eigentliche Zug, der das Leder dehnt, entsteht jeweils zwischen einer Hand und dem Klemmpunkt und der anderen Hand und dem Klemmpunkt. Je nachdem, wo die Hände sich gerade befinden, ändert sich entsprechend auch die Dehnungslinie. Um nun ein möglichst dichtes Netz dieser Dehnungslinien auf das Leder zu bekommen, werden nicht nur die Hände bewegt, sondern auch der Klemmpunkt.

Man sitzt also nicht dauernd nur in der Mitte des Leders, sondern steht immer wieder auf und versetzt das Leder, sodass auch mal links und rechts und an vielen Stellen dazwischengeklemmt wird. Auf diese Weise erreicht man Überschneidungen und Überkreuzungen der Dehnungslinien sowohl untereinander als auch mit den quer laufenden Linien der Stollbewegung, die über das Leder fortwährend hin- und herläuft. Am Ende ist das Leder nach allen Seiten und in alle Richtungen gedehnt und bewegt worden.

Gegen Ende des Weichmachens sollte auf den Rand der Hautfläche besonderen Wert gelegt werden. Er trocknet gerne unbemerkt vor sich hin, und plötzlich ist er hart, was dem restlichen Leder die Geschmeidigkeit nimmt. Wenn das passiert ist – das nächste Mal wird es sicher besser!

Oft lohnt es sich nicht, das Leder wegen eines hart gewordenen Randstreifens von vielleicht 1 cm Breite wieder anzufeuchten und nochmals beim Trocknen weich zu machen. In diesem Fall schneidet man den steifen Rand einfach ab.

Wie weich das Leder am Ende wird, hängt auch von dem verwendeten Brett ab. Scharfe Kanten soll es in jedem Fall haben; sie ermöglichen eine gleichmäßige Bearbeitung. Und um das Leder richtig weich zu bekommen, muss das Brett möglichst dünn sein, damit die Haut, wenn sie darüber gezogen wird, einen scharfen Knick schlagen muss. Dieser scharfe Knick ist es, was auch beim zu Anfang beschriebenen Walken erreicht werden sollte: Eine extreme Bewegung und Streckung der Lederfasern, damit sie nicht miteinander verkleben können.

Eine extreme Dehnung mit recht geringem Aufwand erreicht man, indem man das Leder immer wieder doppelt nimmt und über den entstehenden Knickfalz stollt. Weil das Leder beim Stollen über das Brett einen Bogen beschreibt, wird die obere Lederlage folglich weiter gestreckt. Gleichzeitig bewirkt auch der Knickfalz selbst nochmals eine Dehnung. Ist der Falz dann über die Kante hinaus, wird er wieder geradegezogen. Alle Fasern werden so in die unterschiedichsten Richtungen gedehnt.

Durch die Reibung wird das Leder beim Stollen warm und trocknet schneller. Gegen Ende des Stollens, wenn sich das Leder schon „wie Leder“ anfühlt, trocken und warm, sind es nur noch Intervalle von wenigen Sekunden, während derer ein Falz gestollt wird. Dann nimmt man das Leder an anderer Stelle doppelt, am besten so, dass die Knickfalze mal parallel zueinander liegen, mal sich kreuzen, wie es auch für das Stollen am Seil beschrieben ist (Seite 98).

Ein Brett von 15 mm Stärke ist noch stabil genug, ein mittleres Leder (bis ausgewachsene Bocksgröße) auszuhalten und andererseits dünn genug, um das Leder weich zu bekommen. Zur Herstellung von sehr weichem Feinleder ist dieses Brett aber noch zu dick. Dünnere Hölzer halten den Belastungen des Reibens oft nicht stand, und so ist man sehr früh schon auf die Verwendung einer metallenen Kante ausgewichen. Ein praktisches Behelfswerkzeug ist ein altes, stumpfes Sensenblatt, aus dem man sich einen „Sensenbaum“ bauen kann.

Zugrichtungen beim Stollen über einem Brett.

### Bau eines Sensenbaums

Das alte Sensenblatt wird mit einer Feile oder einem Stein extra stumpf und schartenfrei zurechtgeschliffen, damit das Leder daran keinen Schaden nimmt. Mit der Spitze und dem Wurfende wird es an zwei in der Erde verankerten Pfosten so befestigt, dass die Spitze in einem Pfosten versenkt ist und nichts zerstechen kann.

Über diesen Sensenbaum wird das Leder genauso gestollt, wie es für das Brett beschrieben wurde. Hier gilt natürlich ganz besonders, bei dünnen Ledern aufzupassen, damit sie nicht durchgeschabt werden.

Wenn die Längsdehnung bei kleinen Ledern dabei zu schwierig wird, kann sie natürlich auch von Hand gemacht wer-

Das Stollen am Sensebaum.

Auch die modern gestaltete Umwelt bietet sportliche Möglichkeiten, ein Seil für das Weichmachen zu spannen.

den, etwa wie Expandertraining. Wichtig ist, dass sie überhaupt durchgeführt wird und dass sich die Dehnungslinien flächendeckend überkreuzen.

Aufgrund ihrer festgelegten Größe eignet sich die Sense selbstverständlich nur zum Weichen von kleinsten bis kleinen Ledern bis etwa Lammgröße. Aber auch große Häute können so weich wie eine Wolldecke werden, wenn man zu der entsprechenden Gerbung (optimal dafür ist die Hirngerbung) auch die ursprüngliche Weichmachvorrichtung der Prärieindianer verwendet.

Es handelt sich um ein Seil von mindestens 5 mm Stärke, das zum Beispiel an einem Baum von einem ausladenden Ast zu seinem Stamm heruntergebunden wird. Prinzipiell wird das Leder über das locker gespannte Seil genauso gestollt, wie über das Brett oder die Sense. Es kann aber wesentlich weicher werden, weil die „Kante“, das Seil selbst, viel dünner sein kann als Holz, fast wie Metall, das Leder aber nicht verletzt wird, und weil die Struktur des Seils, die sich beim Stollen dauernd verändert, das Längsdehnen wie beim Stollbrett teilweise ersetzt.

Über dem Seil wird, wie in den anderen Verfahren auch, mit der Wirbelsäulenlinie begonnen und nach den Seiten hin gearbeitet. Dazu bietet sich hier aber die Möglichkeit, das Leder beim Stollen um seinen Mittelpunkt zu drehen. Damit ist Folgendes gemeint: Man stellt sich die Haut wie das Zifferblatt einer Uhr vor, das eben nur nicht rund ist. Das Kopfteil ist zum Beispiel die 12, das Schwanzteil die 6, die rechte und linke Flanke die 3 bzw. die 9. So lässt sich nach dem Vorbild des Zifferblattes jede Stelle des Umfangs mit der entsprechenden Stunden- bzw. Minutenziffer benennen.

Zum anfänglichen Dehnen könnte man also sagen, man packt die Haut an 12 und 6 Uhr, also an Kopf- und Schwanzteil. Beim Stollen schließlich hält man das Leder anfangs ebenfalls an 12 und 6 Uhr, stollt ein paar Minuten, greift um auf 1 und 7 Uhr, stollt ein paar Minuten und greift dann weiter auf 2 und 8 Uhr und so weiter, bis die ganze Fläche abgedeckt ist.

Dieses Kreisstollen wechselt man mit einem Längsstollen ab, wozu das Leder über die ganze Breite nur an Kopf- und Schwanzteil gepackt wird. (Vereinfacht kann man sich die Haut als Rechteck vorstellen, bei dem Kopf und Schwanz die Schmalseiten sind.) Anschließend stollt man wieder im Kreis (Zifferblatt) und dann quer (Rechteck), wobei diesmal das Leder über die ganze Länge nur an den Längsseiten gehalten wird.

Schließlich rollt man die Haut selbst – mal längs, mal quer, mal schräg – zu einer Rolle, zu einem „dicken Seil" zusammen und zieht dieses der Fellgröße entsprechend kräftig über das Seil. Jeweils etwa eine Minute lang, dann auf- und in anderer Richtung wieder neu zusammenrollen und erneut über das Seil ziehen. Auf diese Weise bekommt man, sofern die Vorarbeiten fehlerfrei gelaufen sind und die Gerbart entspricht, die dickste Haut weich wie eine Wolldecke.

Lang und dicht behaarte Leder, wie Felle von Schafen zum Beispiel, sind allerdings recht mühsam weich zu bekommen, weil zu Anfang die über den Lederrand nach außen hängenden

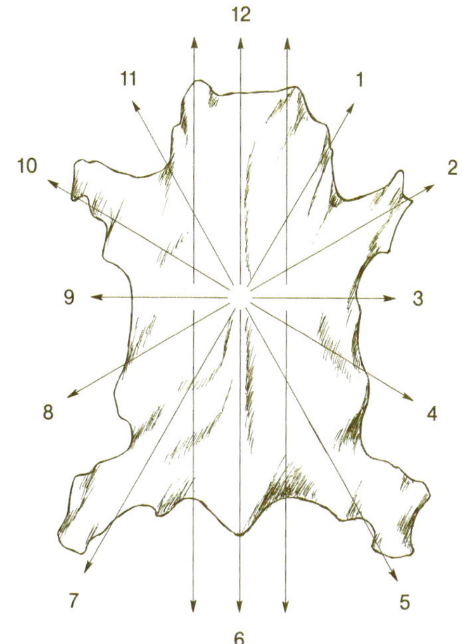

Die „Uhr" der Richtungen beim Stollen.

## Die richtige Seildicke

Ist das Seil zu dick, schlägt das Leder keinen scharfen Bogen mehr und wird also auch nicht sehr weich. Je weicher es werden soll, desto dünner sollte das Seil sein. Eine noch feuchte, recht widerspenstige Haut reibt aber zu dünne Seile (unter 0,5 cm Durchmesser) ganz schnell durch. Deshalb beginnt man besser mit einem mittelstarken Seil. Je weicher das Leder im Laufe der Arbeit wird, desto dünner können die Seile werden, desto weicher wird die Haut am Schluss.

Haare von dem Seil, das sich beim Stollen mitdreht, verwickelt werden. Sie werden zu kleinen Ballen richtig zusammengesponnen und müssen von Zeit zu Zeit weggeschnitten werden, weil das Seil durch sie sonst zu dick wird.

Das Stollen über dem Seil erfordert viel Körperkraft. Mitunter legt man sich mit vollem Gewicht gegen Leder und Seil, um es gut zu strecken.

Dabei reißt das Seil immer wieder einmal. Um nicht nach hinten umzufallen, sollte man unbedingt stets auf den Abriss gefasst sein und am besten immer ein Stützbein nach hinten abgespreizt halten (Foto Seite 98).

## Das Weichmachen von Riemen

Riemen, Gürtel und dergleichen werden gewöhnlich aus dicken Ledern hergestellt. Diese lassen sich selbstverständlich nach den beschriebenen Rezepten weich machen, wie es für jede sonstige Verarbeitung auch gemacht wird.

Speziell Riemen, Gürtel und dergleichen aber können mit einer Erleichterung hergestellt werden: Zunächst können sie aus den großen Häuten schon vor dem Weichmachen, prinzipiell auch schon vor dem Gerben, herausgeschnitten werden. So entledigt man sich gleich der Mühe, mit schweren, unhandlichen Häuten arbeiten zu müssen.

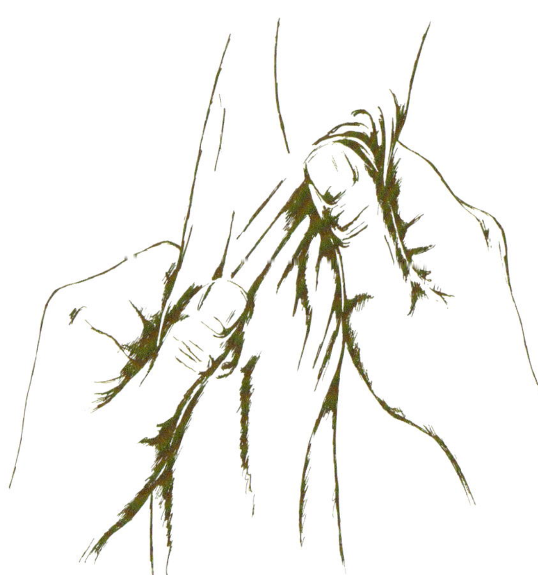

Diagonales Ziehen bei einem breiten Riemen

Weich gemacht werden sie dann bereits in ihrer Form als Gürtel, indem sie nur der Länge nach über das Brett, die Sense bzw. das Seil gezogen und von Hand immer wieder quergestreckt werden.

Diagonaler Zug entfällt dabei, es sei denn, es handelt sich um besonders breite Riemen, die auch quer weich sein sollen. Von Hand wird quer, wenn nötig auch diagonal gestreckt, indem man den Riemen an linken und rechten Rand zwischen Daumen und Zeigefingergelenk beider Hände klemmt und eine rubbelnde Bewegung macht, als wolle man Strümpfe auswaschen.

Darauf zieht man den Riemen in die Breite, rubbelt dann wieder, und arbeitet sich die ganze Riemenlänge von vorne nach hinten durch. Um die Haut der eigenen Hände zu schonen, trägt man dabei besser Arbeitshandschuhe.

## Wenn das Leder weich ist

Wenn das Leder den gewünschten Weichheitsgrad erreicht hat, ist es trotzdem noch zu früh, es gleich seinem Zweck zu übergeben. Leder hat die Eigenschaft, wenn es äußerlich bereits trocken zu sein scheint, aus sich selbst heraus noch einmal nachzufeuchten. Dieses Nachfeuchten ist kaum spürbar, aber es reicht aus für eine unerwünschte Verhärtung.

Um zu verhindern, dass das Leder nach dieser ersten Trocknung doch noch steif wird, verpackt man es in Plastiktüten. Etwa eine Woche lang, bei kleinen Stücken reichen oft schon drei Tage, wird es täglich aus der Tüte genommen und eine Viertelstunde lang gestollt, zusammengeknäuelt und wieder verpackt. Nach dieser Zeit ist es endgültig fertig.

Bis zu dieser Stelle sind zwischen den Gerbungen, ob sie nun „echt" oder „unecht" heißen, wasserfest oder wasserempfindlich, keine Unterschiede aufgetreten. Diese kommen erst an den fertigen Produkten zum Tragen. In Bezug auf Wasserfestigkeit ist es für sie alle nicht schlecht, gelegentlich gefettet zu werden, für die wasserempfindlichen ist dies natürlich ein Muss. Ansonsten würden sie sich wie angefeuchtete, konservierte Leder verhalten, und die Arbeit des Trocknens und Weichens ginge von vorne los. Das möchte sicher niemand, denn schließlich hält man ein Material in der Hand, dessen Produktion einen viel Mühe gekostet hat.

Um das Material wirklich sinnvoll verwenden zu können, muss noch einmal Arbeit investiert werden. Das reine Fell oder Leder stellt ja zunächst kaum einen brauchbaren Wert dar. Dabei ist es gleich, ob man die folgenden Mühen darauf verwendet, die Stücke zu verkaufen, sie einem Fachmann zum Weiterverarbeiten überlässt oder sich selbst daran wagt, eigene Erfahrungen in der Herstellung von Lederwaren zusammeln.

Dazu gibt es eine reichhaltige Auswahl an Anleitungen und Anregungen, die sicher nicht nur dem Einsteiger behilflich sind. Letztendlich tut sich dem Hobbygerber aber auch die Möglichkeit auf, ohne eine gezielte Verwendung zu gerben; sei es aus Spaß daran, als Ausgleich zum Alltag, aus alten Lederstrumpferinnerungen oder weil er etwas von der Ursprünglichkeit fühlt, die mit der Verarbeitung eines der ersten Rohstoffe des Menschen verbunden ist.

Ein mit „Zähnen" bewährtes Stollbrett bewirkt in der Bewegung eine Dehnung des Leders in viele Richtungen.

# Die Pflege des Leders

Die Pflege des Leders hat den Zweck, Gerbung und Ledereigenschaften zu bewahren. Dazu gehört das Aussehen, die Form, die Weichheit und die Elastizität. Diese Eigenschaften zu erhalten, bedeutet zunächst, das Leder vor Wasser und dessen Gerbstoff auswaschender Wirkung zu schützen. Also fettet man das Leder, denn die meisten Fette stoßen Wasser ab.

„Echt“ gegerbte Leder sind zwar wasserfest, sicherheitshalber geht man aber besser davon aus, dass sie nach oftmaligem Durchnässen doch an Qualität einbüßen können. Man kennt das von Straßenschuhen, die nach oftmaligem Einregnen und nachfolgenden Wochen der Nichtbenutzung hart werden.

## Richtig einfetten

Es gibt zwei Möglichkeiten zum Einfetten: Zum einen die, auf die Lederoberfläche eine wasserabstoßende Fett- oder Wachsschicht aufzutragen. Schuhwichsen entspricht dieser Art der Oberflächenversiegelung. Die Schuhcreme ist vom Aufbau her ein Wachs mit Lösungsmittel, meist irgendwie gefärbt, das den Schuh mit einem dünnen Film überzieht. Die andere Möglichkeit ist, ein beliebiges wasserabstoßendes Fett oder Öl bei „unecht“ gegerbtem Leder auf 40 °C, bei „echt“ gegerbtem bis auf 60 °C zu erhitzen und das Leder ein, zwei Minuten darin zu walken. Felle sollte man nur auf der Fleischseite behandeln.

Dadurch werden die Lederfasern imprägniert und nehmen kein Wasser mehr auf. Wenn imprägnierte Leder nass werden, perlt das Wasser an ihnen ab wie von einer Kunststofffolie.

## Leder reinigen

Sollte das Leder einmal verschmutzt werden, niemals mit Mineral- oder Kunstharzverdünnung oder ähnlichen Lösungsmitteln bearbeiten; das macht nur alles noch schlimmer und das Leder kaputt.

Im Allgemeinen behandelt man Leder wie eine Holzfläche: Flecken werden mit feinsten Materialien ausgeschliffen oder abgeschmirgelt. Verschmutzungen des Fellkleides bürstet oder saugt man heraus. Auch wenn einige der vorliegenden Gerbrezepte als wasser- oder auch hitzefest bezeichnet sind, sollte stets ein Probelederstück gewaschen werden, das zeigt, ob die Gerbung auch wirklich erwartungsgemäß gewirkt hat.

# Service

## Kleines Begriffslexikon

**Aalstrich:** die dunkel gefärbte Rückenlinie bei manchen Säugetierarten, die auf eine Ursprünglichkeit der Rasse hinweist.
**Alaun:** ein Doppelsalz, das sowohl natürlich vorkommt als auch künstlich hergestellt wird. In der Weißgerberei spielt A. eine wichtige Rolle. Hier gemeint ist der Kalialaun ($KAl[SO_4]_2$), neben dem es aber noch weitere Alaune gibt.
**Beize:** in der Gerberei ein Prozess von gezieltem Hautverfall durch Bakterien, die früher auf Hundekot, Vogelmist oder gärendem Kleiebrei angezüchtet wurden. Die Industrie verwendet heute zum Beizen chemisch steuerbare Enzyme.
**Blankleder:** sehr zähes, oft für Sattelzeug und Riemen verwendetes, vegetabil (heutzutage meist chrom-vegetabil) gegerbtes Leder, das eine Nachfettung, oft auch eine Politur erfahren hat.
**Blöße:** in der Gerberfachsprache die zum Gerbvorgang vorbereitete, also enthaarte, gebeizte, entfleischte und gekälkte Haut, die in diesem Zustand gegen jegliche äußere Einwirkung sehr empfindlich ist.
Umgangssprachlich gibt man sich „eine Blöße", wenn zum Beispiel gemeint ist, sich dem Spott oder Tadel anderer auszusetzen.
**Borax:** ein Salz der Borsäure, das in warmem Wasser gut löslich ist, bei über 60 °C aber kristallisiert und sich dabei verändert. Borax wurde früher in der Natur abgebaut, heute chemisch hergestellt.
**Brut:** der Oxidationsprozess bestimmter zur echten Fettgerbung verwendeter Fette, wobei Fettsäuren entstehen, die der eigentliche Gerbstoff sind.
**Chrom:** Schwermetall, dessen Salz gerbende Wirkung erhalten kann.
**$CO_2$:** chemisches Symbol für Kohlendioxid, einem der Hauptbestandteile der Luft und des verbrauchten Atems sämtlicher Tiere, sodass es auch in belebtem Wasser vorkommt. $CO_2$ bewirkt beim Auswaschen des Äscherkalkes, besonders in der Weißgerberei, auffällige Schattenflecke auf dem Leder.
**Einbadgerbung:** eine Variante der Chromgerbung, bei der von Anfang an gerbende Substanz verwendet wird, weswegen der Gerbprozess genauestens beobachtet und gesteuert werden muss, zum Beispiel auch durch spezielle Vorbereitungen der Blöße.
**Einbrennfettung:** Bezeichnung für das Fetten von (meist Chrom)Ledern nach der Gerbung, wobei sie in trockenem Zustand in heißes, flüssiges Fett getaucht und danach gestollt werden.
**fettgar:** Zustand der Haut, wenn sie gut durchgefettet, aber noch nicht gegerbt ist.
**Formaldehyd:** industrielles Desinfektions- und Konservierungsmittel. In der Gerberei findet es Verwendung in der Formalingerbung, weil es Leder sehr hitzebeständig und damit pflegeleicht macht; aus gesundheitlicher Sicht ist dieser Stoff heute sehr umstritten.
**Gelatine:** hier die Bezeichnung für das gallertige Kollagenmaterial in der Haut; es besteht aus Eiweiß, dessen Besonderheit ist, in heißem Wasser nicht zu gerinnen, sondern sich aufzulösen und beim Erkalten zu erstarren bzw. zu verkleben.
**Gerberwolle:** die im Unterschied zur Schurwolle erst beim Schwöden der abgezogenen Haut sich lösende Tierbehaarung, meist die von Schafen.
**Gerbextrakt:** die (im Handel erhältlichen) meist aus pflanzlichen Gerbmitteln ausgelösten und oft konzentrierten Gerbstoffe.
**Gerbsäure:** der chemische „Kampfstoff" der Pflanzen, die damit das Eiweiß tierischer Organismen ausfällen und diese damit unschädlich machen können.
**Gerbstoff:** der Stoff, mit dem Haut zu Leder gegerbt werden kann; G. wird aus Pflanzen, dem Erdboden oder indirekt aus Tieren gewonnen oder künstlich hergestellt.
**Indianerleder:** das für die Prärieindianer Nordamerikas typische Leder, das mit dem Gehirn, der Leber oder dem Knochenmark der erlegten Tiere gegerbt und geräuchert wurde. Die Indianer kannten aber auch die gerbende Wirkung vieler Pflanzen, doch wurde diese Kenntnis nie für sie typisch.
**Juchtenleder:** ein aus Russland stammendes Leder, wurde mit Weiden- oder Birkenrinde gegerbt und anschließend mit dem Teer der Rinde nachgefettet;

es war daher weich, geschmeidig, wasserdicht und von sprichwörtlicher Zähigkeit.

**Kürschner:** Berufsbezeichnung des „Fellschneiders“, der Pelze zu Gegenständen wie Kleidung vernäht.

**Knoppern:** die von Parasiten befallenen und dadurch mit Gerbstoff angereicherten Früchte, meist von Bäumen.

**Leimherstellung:** aus den Abfällen der ledererzeugenden und -verarbeitenden Gewerbe wurde und wird seit alters her ein Hautleim gesotten, dessen Klebeigenschaften erst durch moderne Kunstharzleime erreicht wurden; beim Hautleim wird die Klebkraft des Kollagens genutzt.

**Licker:** aus dem Lateinischen bzw. Englischen stammend: liquor = Flüssigkeit, meint die mit Wasser und einem Emulgator zu einer Emulsion vermischten Fette, die in der Industrie zum Nachfetten von Chromledern Verwendung finden.

**Lohe:** Zerkleinerte pflanzliche Gerbmittel.

**Nappaleder:** sehr weiches Leder, das in einer Mischgerbung von Glacé- und Vegetabilverfahren erzeugt wird.

**Nubukleder:** ein dem Wildleder ähnliches, auf der Narbenseite bearbeitetes und weiches Leder, das meist chromgegerbt ist.

**Persianer:** Pelz von Karakulschaflämmern, die einige Stunden oder Tage nach der Geburt getötet werden, nachdem sich die typischen Locken gebildet haben.

**pH-Wert:** Abkürzung für potentia hydrogenii, was Wasserstoffionenkonzentration bedeutet; pH-Wert ist eine Einteilung, die anhand der Wasserstoffionenkonzentration von Lösungen deren sauren bzw. basischen Charakter einteilt.

pH-Wert 7 = neutral, kleiner als 7 = sauer, größer als 7 = basisch.

**Rauchwaren:** veredelte Pelzfelle; aus dem mittelhochdeutschen Wort rauch = rau.

**Rotgerberei:** pflanzliche Gerberei, im Unterschied zur Weißgerberei wegen der rotbraunen Lederfarbe so genannt.

**Sämischleder:** ursprünglich die Bezeichnung für mit Fett gegerbtes Leder. Heute Gerbung mit Fett und Nachgerbung mit Formaldehyd (Mischgerbung), wodurch das Leder hitzebeständig wird.

**Soda:** ein Salz der Kohlensäure, das sehr gut wasserlöslich ist und (in Wasser gelöst) fettlösend wirkt.

**Schwöden:** der einseitige Äscherauftrag auf die Fleischseite, der einen Hautaufschluss bewirkt, bei dem die Haare nicht ausgehen bzw. noch als Gerberwolle genutzt werden können.

**Spaltleder:** Leder, das aus dünn abgeschnittenen Schichten einer vor der Gerbung zerteilten, dicken Haut hergestellt wird, wodurch die Hautfläche vergrößert wird und ökonomische Vorteile entstehen. Es entstehen der sogenannte Fleischspalt und der Narbenspalt.

**Vacheleder:** (franz. vache = Kuh), dünneres Rindsleder, verwendet als Sohlleder, z. B. für leichtere Straßenschuhe.

**Veloursleder:** die Umkehrung des Nubukleders: Hier ist die Fleischseite samtartig zurechtgeschliffen und wird als Schmuckseite verarbeitet, wohingegen üblicherweise der Narben als der Stolz des Leders gilt.

**Vogelbalg:** die abgezogene Haut von Vögeln, die im Unterschied zum Fell der Säugetiere „Balg“ genannt wird.

**Vollrindleder:** Rindleder mit natürlichem Narben, auch dann, wenn es sich nur um den Narbenspalt handelt.

**Waterproof:** (englisch = wasserdicht), Bezeichnung für stärker gefettete Oberleder von Sport-, Wander- und Skischuhen.

**Wildleder:** ursprünglich fettgegerbtes Leder, das nur aus Häuten und Fellen wild lebender Tiere hergestellt wird. Es ist auf der Fleischseite samtartig angeraut (vgl. Veloursleder).

Fälschlicherweise wird der Begriff mitunter auch für Veloursleder verwendet.

**Weißgerberei:** Sammelbegriff für die Herstellung von natürlich weißen Ledern, die größtenteils auf Alaungrundlage gegerbt werden.

**Zurichten:** das Bearbeiten der Leder und Felle zum gewünschten ästhetischen Erscheinungsbild wie Oberflächenbeschaffenheit, Weichheit und dgl. sowie die Arbeiten zum Gerben von Pelzfellen.

## Zum Weiterlesen


**Abel. Trempenau, Stransky** u.a.: Große Schatzkammer bewährter Vorschriften. Weigel, Leipzig 1895

**Belitz, L.:** Step by Step – Brain Tanning the Sioux-way. 1976/2001 (Video-DVD) Sioux Replication

**Benskin, G.E.:** Ein Überblick über die moderne pflanzliche Gerbung. Tanning, Extract Producers Federation, Zürich 1976

**Bitterwolf, Ziller:** Fachkunde für Fleischer. Winklers, Darmstadt 1997

**Domke: Warenkunde** und Schuheinzelhandel. Winklers, Darmstadt 1997

**Gnamm, H.:** Die Gerbstoffe und Gerbmittel. Wissenschaftliche Verlagsgesellschaft, Stuttgart 1949

**Grassman, W.** (Hrsg.): Handbuch d. Gerbereichemie u. Lederfabrikation Bd. 1–3. Springer Verlag, Wien 1944–1961

**Günther, F.:** Lehrbuch der Glacé- u. Handschuhlederfabrikation. Günthers Zeitungsverlag, Berlin 1873

**Hegenauer, Hans:** Fachkunde für Leder. Verlag E. Heyer, Essen 2012

**Herfeld, H.** (Hrsg.): Bibliothek des Leders. Umschau Verlag, Frankfurt a. M. 1983

**Herfeld, H.:** Grundlagen der Lederherstellung, Steinkopff, Dresden, Leipzig 1950

**Klek, M.:** Leder, Felle und Pelze: Eine praktische Anleitung zur uralten Kunst der Hirngerbung, Books on Demand, 2007

**Krönlein, Hermann:** Die Lederfabrikation. Jänecke, Hannover 1920

**Küntzel, A.:** Die Histologie der tierischen Haut vor und während der ledertechnischen Behandlung. Steinkopff, Dresden, Leipzig 1925

**Ostwald, Th. und H. Henneberg:** Das große Indianerhandbuch. Verlag f. Amerikanistik, D. Kügler, Wyk auf Föhr 2000

**Stiasny, E.:** Gerbereichemie „Chromgerbung". Steinkopff, Dresden, Leipzig 1931

**Vogel-Etienne, U.:** Dissertation d. Rechts- u. Staatswiss. Fakult. d. Uni. Zürich. Schulthess Polygraphischer Verlag AG, Zürich 1980

**Zoebe, G., und K. Ennulat:** Das Tier im neuen Recht. Kohlhammer, Stuttgart, Berlin, Köln, Mainz 1972


## Internetlinks

Wie jeder weiß, wächst das Netz quasi stündlich. Auch für das Thema „Gerben" gibt es ständig neue Seiten, mit denen sich der Hobbygerber auf dem Laufenden halten oder seine Erfahrungen teilen kann.
Man findet sehr allgemein gehaltene Seiten neben spezielleren, die von lederproduzierenden Firmen oder einzelnen Personen veröffentlicht werden, zum Teil nach Gerbmethoden sortiert. Oft kann es helfen, nach englischsprachigen Stichwörtern zu recherchieren.

Besonders viele Seiten werden unter dem Stichwort „brain tanning" (= Hirngerbung) angeboten. Deren Autoren reichen von traditionsbewussten Plains-Indianern selbst (Wissen also aus erster Hand) über Indianerfreunde, Outdoor-Begeisterte und Jäger bis zu teilweise wissenschaftlich interessierten Forschern.
Aber auch all die anderen in diesem Buch genannten Methoden sind im Internet vertreten.
Besonders anschaulich sind auch einige Video-Clips auf Plattformen wie youtube.com.

Hier eine Auswahl lesenswerter Seiten:
www.braintan.com
www.de.wikipedia.org/wiki/Gerben
www.de.wikipedia.org/wiki/Leder

www.einfach-natur.de/angebot-wildniskurse/felle-leder-gerben/
www.felle-gerben.blogspot.de
www.lederpedia.de (hier kann man jede beliebige Gerbmethode als Suchbegriff eingeben)
www.primitiveways.com/buffalo_hide_continued.html
www.vetion.de/gesetze/Gesetzestexte/TierKBG.htm?mainPage=1 (zum Tierkörperbeseitigungsgesetz)
www.weissgerberei.de/de/glace-gerbung
www.wilde-sau.com (Seite zum Kennenlernen von Jägern)
www.wildnisabgeordneter.com (Seite des Autors)
www.wildniswissen.de/seminare/gerben
www.youtube.com/watch?v=RAiD9WuNwlM (Ausschnitt einer NDR Sendung)

## Bildquellen

Helmut Ottiger/Ursula Reeb: S. 5, 29, 31, 40, 58, 66, 76, 77, 94
Karl-Heinz Nething: S. 98 li.
Wigbert Goldschmidt: S. 35

Alle übrigen Bilder im Innenteil und das Titelbild stammen von Birgit Lorenz.
Alle Zeichnungen fertigte Sigfried Lokau, Wattenscheid nach Entwürfen der Verfasser.

## Zum Autor

Helmut Ottiger ist studierter Ethnologe mit dem Schwerpunkt Indianer von Nordamerika. Schon seit seiner Jugend beschäftigt er sich mit steinzeitlichen und naturnahen Kulturen. In dieser Zeit war sein Wunsch nach dem selbstgegerbten „Indianerhemd“ geboren, den er sich nach einigen Jahren erfüllen konnte: In unermüdlicher Kleinarbeit entdeckte und wiederentdeckte er alte und neue Gerberrezepte mit all ihren Vor- und Nachteilen.

Kontaktdaten:
Tel.: 0171/48 68 372
E-Mail: wildnisabgeordneter@yahoo.de
Internet: www.wildnisabgeordneter.com

## Register

(Seitenzahlen mit * weisen auf Abbildungen hin, **fett** gedruckte Seitenzahlen auf die entsprechenden Kapitel)

Die in diesem Buch enthaltenen Empfehlungen und Angaben sind mit größter Sorgfalt zusammengestellt und geprüft worden. Eine Garantie für die Richtigkeit der Angaben kann aber nicht gegeben werden. Autorin und Verlag übernehmen keinerlei Haftung für Schäden und Unfälle. Der Verlag ist außerdem nicht verantwortlich für den Inhalt von Links.

Bibliografische Information der Deutschen Nationalbibliothek
Die Deutsche Nationalbibliothek verzeichnet diese Publikation in der Deutschen Nationalbibliografie; detaillierte bibliografische Daten sind im Internet über http://dnb.d-nb.de abrufbar.

Das Werk einschließlich aller seiner Teile ist urheberrechtlich geschützt. Jede Verwertung außerhalb der engen Grenzen des Urheberrechtsgesetzes ist ohne Zustimmung des Verlages unzulässig und strafbar. Das gilt insbesondere für Vervielfältigungen, Übersetzungen, Mikroverfilmungen und die Einspeicherung und Verarbeitung in elektronischen Systemen.

© 1991, 2013 Eugen Ulmer KG
Wollgrasweg 41, 70599 Stuttgart (Hohenheim)
E-Mail: info@ulmer.de
Internet: www.ulmer.de
Umschlagentwurf: red.sign, Anette Vogt, Stuttgart
Satz: pagina GmbH, Tübingen
Lektorat: Christine Schneider, Gabi Franz
Herstellung: Gabriele Wieczorek
Druck und Bindung: Graphischer Großbetrieb Friedrich Pustet, Regensburg
Printed in Germany

**ISBN 978-3-8001-7877-3**